JN115292

地球学シリーズ 2

改訂版 地球進化学

地球の歴史を調べ，考え，
そして将来を予測するために

Earth Evolution Sciences, Revised Edition (Geoscience Series 2)

藤野滋弘・上松佐知子・池端 慶・黒澤正紀・
丸岡照幸・八木勇治 編

古今書院

ii

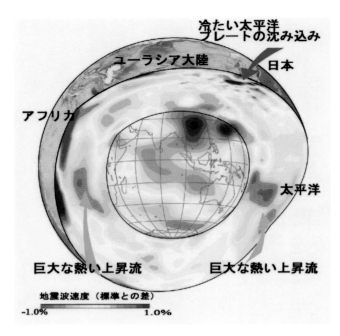

口絵 1　地球内部の地震波速度
（地震波トモグラフィー）
Fukao *et al.*（2001）；JAMSTEC 提供.

↓口絵 2　福岡県平尾台の羊群原
　雨水や地下水によって溶けてできた
　石灰岩地域独特のカルスト地形.

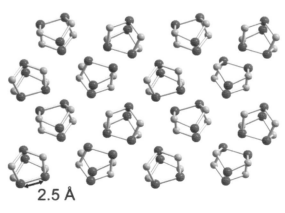

口絵 3　鶏冠石（**Baia Sprie, Maramures**，ルーマニア）
光に触れると光化学反応によって黄色に変化する特徴がある（左）．ヒ素と硫黄が 4 個ずつ
結合した As_4S_4 分子が，ファンデルワールス結合によって分子結晶を構築している（右）.

口絵 **4**　南極にみられる
片麻岩の縞状構造
写真の横は約 500 m.

口絵 **5**　更新統下総層群の
ウェーブリップル
浅海底における波浪の作用によって
できた堆積構造.

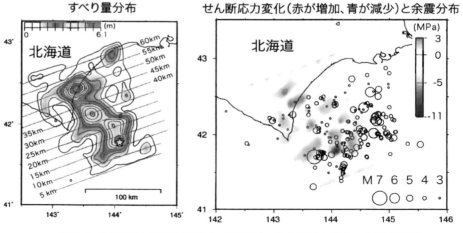

口絵 **6**　2003 年十勝沖地震のすべり分布・せん断応力変化と余震分布図
震源情報は気象庁一元化震源を使用している.

まえがき

　地球が誕生してから現在まで46億年もの膨大な時間が流れ，その間，地球は劇的な変化を繰り返し，その上に生きる生命もまた地球と相互に影響しあいながら進化してきた．地球の歴史や構造，ダイナミクスを調べ，考え，その知識を土台にして未来を予測する学問が地球進化学である．地球の生い立ちや地球と共に進化してきた生物，さらに地球と生物が織り成す様々な現象を探求する学問は一般的に「地質学」と呼ばれてきた．「地質学」は鉱物結晶の分子・原子のような超ミクロの世界から，地球全体，太陽系の起源のような超マクロの世界までを扱う．「地球進化学」は「地質学」とほぼ同義であるが，特に時間の流れを重視した筑波大学独特の名称である．

　本書は大学の学部レベルにおける，専門基礎科目としての「地球進化学」の体系的な教科書として編集されたものである．本書の執筆には筑波大学生命環境学群地球学類の担当教員があたり，高校で「地学」を履修していない学生でも地球進化学を基礎から学べるよう配慮しながら編集した．キーワードや専門用語には説明を付し，図表をできるだけ使用することで，大学生に限らず地球進化に関心のある一般社会人の独習にも適するように配慮した．また，より専門的・先端的な地球進化学を学ぶ読者にとって，必要となる基礎知識が取得できるように努めた．

　本書では，まず第 I 部で地球の形成と進化について，惑星としての地球の化学像と，地球の形成について解説した．また，地球の内部構造や，その地球表層環境の変動との関係，さらに地球の未来像についても述べてある．第 II 部では，地球表層の変遷を解読するために必要な基礎知識として，地球に誕生した生命の進化とその証拠である化石，そして様々な種類の堆積物・堆積岩について解説した．第 III 部では力学的な見地からプレートテクトニクス，応力，歪み，変形・破壊，および地震について扱う．第 IV 部では岩石の最小単元である結晶，鉱物，さらにそれらが集まってできた火成岩・変成岩について述べた．第 V 部では地球の鉱物・エネルギー資源について，さらに地球の進化と環境問題について述べた．最後の第 VI 部では日本列島の地質についての基礎を略述した．

　2007年に本書の初版（右写真）を刊行してから13年が経過しようとしており，その間，地球進化学はめざましい進歩をとげた．本書は地球進化学の基礎的な部分を解説するものであるが，学問の進展や社会情勢の変化によって記述内容を改訂する必要が生じた．そこで改訂版では第 I, II 部において内容の一部を入れ替え，他の部分でも細かな修正を加えた．また，第 I, II, III 部のコラムを更新した．

初版『地球進化学』
2011 年刊

　本書で取り扱った内容に加え，地球学シリーズ1『改訂版 地球環境学』では大気・海洋，水循環，地形，地球環境と人間のかかわりなどについて解説している．本書と合わせて学習し，地球を総合的に理解する基礎を身につけていただければ幸いである．また，地球学シリーズ1，2で扱うテーマに関して実際に調査や解析を進める場合には，地球学シリーズ3『地球学調査・解析の基礎』の活用を薦める．

　最後に，本改訂版の出版にご尽力いただいた古今書院編集部の関 秀明氏に深く感謝する．

2019 年 12 月 10 日

地球進化学編集委員会

地球学シリーズ　　他巻（本書含めて全 3 巻）

地球学シリーズ 2
『改訂版 地球環境学』
本体 2800 円＋税
2019 年刊行

地球学シリーズ 3
『地球学調査・解析の基礎』
本体 3200 円＋税
2011 年刊行

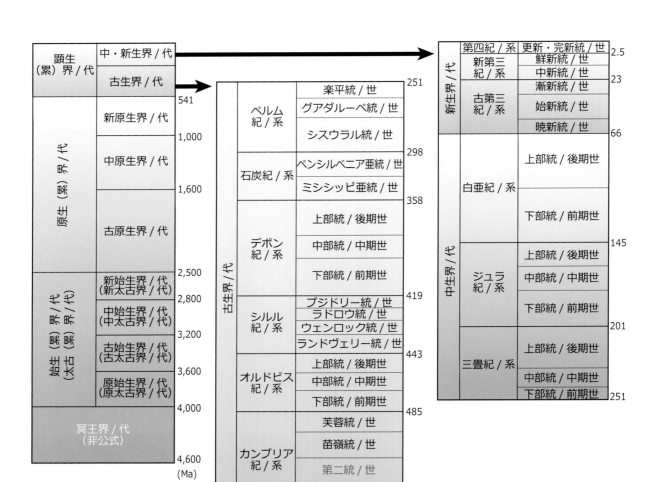

地質年代区分表
長谷川ほか（2006）を改変.

目　次

第Ⅰ部　地球の形成と進化

第1章　地球の化学像と初期進化

(1) 固体地球の初期進化

太陽系の天体の概観

　地球は**太陽系**の一員であり，人類は太陽からさまざまな恩恵を受けている．地球を含む太陽系は偶然存在しているわけではなく，太陽とその惑星は宇宙空間にほぼ同時に誕生した．今から約137億年前に宇宙が誕生してからかなりの時間を経た後の，約46億年前頃に宇宙の進化史の必然的な現象の結果として太陽系は生まれたと考えられている．「地球進化学」の最初に，太陽系の元となった物質中から原始地球がどのようにして誕生し，どのような過程を経て現在のような地球となったのかを説明する．

　太陽系は，太陽，その周りを公転する8個の惑星，惑星の周りを回る150個以上の衛星，火星と木星の軌道間に分布する数十万個の小惑星，楕円軌道を有する彗星から成っている．さらに，海王星軌道の外側には，氷塊から成る小天体群が存在し**エッジワース・カイパーベルト**とよばれている．エッジワース・カイパーベルトの範囲は太陽から約50天文単位（太陽～地球軌道間を1天文

単位とする距離の単位で，記号はAU）で，さらにその外側には 10,000 ～ 100,000 AU（1.58 光年）までオールト雲とよばれる氷，一酸化炭素，二酸化炭素，メタン等の氷天体が存在すると考えられるようになった．オールト雲の存在は直接の観測データがないので仮説の域を出ないが，存在を否定する証拠もない．かつては惑星とされていた冥王星や最近発見されたエリスは，エッジワース・カイパーベルト天体の1つだと考えられるようになった．彗星の起源はエッジワース・カイパーベルト（短周期彗星）やオールト雲（長周期彗星）にあると考えられている．表 1.1 には太陽系に属する 8 個の惑星の情報を示している（理科年表，2006）．

　太陽系全体の質量の 99.9% は太陽に集中しており，惑星は合計でも太陽系の質量のうち 0.13% を占めているにすぎない．最大の惑星である木星は，惑星全体の質量の 71% を占めている．惑星は太陽系の内側に位置する**地球型惑星**（水星，金星，地球，火星）とより外側に位置する**木星型惑星**（木星，土星，天王星，海王星）に大別されている．

表1.1　太陽および惑星のデータ

		太陽からの距離		赤道半径 (km)	質量 ($\times 10^{24}$ kg)	密度 (g/cm³)	衛星数	表面温度 (K)
		天文単位	$\times 10^8$ km					
	太　陽			696,000	1,989,000	1.41		6,000
地球型惑星	水　星	0.38	0.58	2,440	0.33	5.43	0	530
	金　星	0.72	1.08	6,052	4.87	5.24	0	735
	地　球	1.00	1.50	6,378	5.97	5.52	1	295
	火　星	1.52	2.27	3,396	0.62	3.93	2	250
木星型惑星	木　星	5.20	7.78	71,492	1,899	1.33	63	124
	土　星	9.55	14.29	60,268	568	0.69	33	94
	天王星	19.22	28.75	25,559	86.9	1.27	27	59
	海王星	30.11	45.04	24,764	102	1.64	13	55

表 1.1 に示されるように，地球型惑星と木星型惑
星ではそのサイズと密度が著しく異なっている．
地球型惑星はサイズが小さいが密度は 3.9 ～ 5.5 と
大きく，逆に木星型惑星はサイズが大きいが密度
は 0.7 ～ 1.6 と小さい．

　惑星の密度は惑星がどのような物質から構成さ
れているかを大まかに示している．すなわち，地
球型惑星は鉄・ニッケル核とそれをとりまく珪酸
塩岩石層から構成されるが，これに対し木星型惑
星はメタン，アンモニア，水をわずかに含むもの
の主として水素・ヘリウムからなる巨大なガス星
で，その中心部には地球型惑星のような岩石質の
核を有していると考えられている．地球型惑星は
惑星全体の質量の 0.44％ を占めるにすぎず，その
軌道は太陽に近く太陽‐海王星までの直径と比較
すると，火星でもその 4％ に満たない．こうして
みると地球型惑星は太陽系のなかで，太陽のごく
近くに形成された特殊な惑星であるといえるが，
太陽系の形成史のなかで必然的に現在のような存
在となった．以下に，地球型惑星と木星型惑星の
分化がどのようにして起こったのかを説明する．

原始太陽系星雲の進化

　太陽系の元となった物質は宇宙空間を漂い星間
雲を構成する塵やガスであった．星間雲内では自
らがもつ重力により，構成物質が中心に向かって
移動を始めると，星間雲内の密度差をなくするた
めに回転運動が始まる．回転によって遠心力が生
じるので，星間雲物質は中心部へ向かう引力と遠
心力の合力方向である赤道面に沿って分布するよ
うになり，円板状の**原始太陽系星雲**が形成される
（図 1.1a）．星間雲物質が赤道面に向かって移動す
る際には，重力エネルギーが解放されることに
よって原始太陽系星雲の中心部は高温になった．
地球軌道付近では 1,000 ～ 1,600 K，木星軌道付近
では 400 ～ 800 K の高い温度が推定されている．
この時，塵のような固体物質はいったん蒸発して
ガスとなったが，その後星雲は輻射によって熱エ

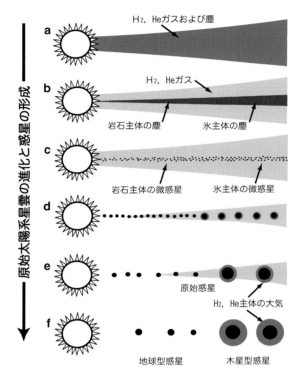

図 1.1　太陽系形成の概念図

（図中の縦書きラベル：原始太陽系星雲の進化と惑星の形成）

a　H₂，He ガスおよび塵
b　H₂，He ガス／岩石主体の塵／氷主体の塵
c　岩石主体の微惑星／氷主体の微惑星
d
e　原始惑星／H₂，He 主体の大気
f　地球型惑星／木星型惑星

ネルギーを失い，凝縮温度の高いものから順次凝
縮して固体粒子となり，ガスとともに円盤状の軌
道をとって回転する（図 1.1b）．

　太陽に近い高温の領域では，アルミナ，鉄やマ
グネシウムの酸化物など高温でも蒸気圧の低い物
質は凝縮したが，水，アンモニア，硫化水素のよ
うな揮発性物質は太陽からはるかに離れた低温領
域で初めて凝縮することになる．この時，太陽近
傍にあったガス状物質は太陽から飛来する荷電粒
子プラズマである太陽風によって吹き払われてし
まい，太陽系のより外側に移動した．一方，固体
として存在していた物質は太陽系の中心部付近に
も留まることができ，惑星の材料物質となった．
固体粒子は互いに衝突を繰り返すことによって合
体し，直径が 10 km 程度の無数の**微惑星**として原
始太陽の周りを公転していた（図 1.1c）．

　この結果，太陽系の内側には岩石質物質を主体
とする固体の微惑星のみが残った．これらが衝突

合体して，より大きな惑星に成長して行く過程を**集積**と呼んでいる．固体の微惑星が集積することにより形成されたのが水星，金星，地球，火星の地球型惑星である．太陽系の外側では，内側から吹き飛ばされてきたガス状物質や氷物質の割合がより高くなり，このような物質を含む微惑星が集積して木星，土星，天王星および海王星のような木星型惑星が形成された．

原始太陽系では星雲の急激な収縮によって放出されるエネルギーによって，中心部が著しく加熱される**T タウリ期**（牡牛座 T 型星に由来する名称）とよばれるステージがあった．この頃の原始太陽系の形成モデルは林 忠四郎博士のグループによって解明され，とくに林フェーズとよばれている．T タウリ期は 1 億年程度続き，太陽は当初の質量の 1/4 を太陽風として放出した．重力収縮を続ける原始太陽では中心温度が 10^7 K に達すると，水素の**核融合反応**が始まった．このような核融合を起こしている状態の恒星は主系列星とよばれる．

地球の誕生

太陽系が形成される過程で，地球軌道付近では微惑星が衝突合体することによって徐々にそのサイズを大きくしていった．いったんサイズが大きな微惑星が形成されると，重力も大きいことから衝突頻度が増して，集積が加速されることになる（図 1.1d）．その結果，現在の地球の大きさの 1/10 程度の惑星がいくつか形成され，最終的にはこれらが衝突合体して地球が形成された（図 1.1e および f）．地球が形成される最終段階には成長した惑星同士の衝突（ジャイアントインパクトとよばれる）が起こり，月が地球から分裂したと考えられている．木星型惑星の中心部には地球型惑星のような岩石質や氷物質から成る核が存在すると考えられている．木星や土星の核はとくに大きく成長したため，その重力によって水素やヘリウムなどのガスを捕らえてさらに巨大なガス惑星となった．

第 2 章で詳しく紹介されるように，現在の地球は中心部より核，マントル，地殻のように層構造をしており，それぞれまったく異なる化学組成をしていると考えられているので，地球上で入手できる地殻の岩石試料をいくら調べても地球の化学的な全体像を知ることはできない．地球の全体像は，地球を形成する材料となった微惑星を調べることによって知ることができる．しかしながら，微惑星は地球の形成にほとんど使われてしまったので，今日の宇宙空間には残されていない．しかし，別の地球型惑星が破壊された岩石片あるいは微惑星の名残であると考えられる**隕石**を用いて地球の全体像が推定されている．隕石はそのほとんどが，小惑星帯から飛来すると考えられているが，近年，月あるいは火星を起源とする隕石の存在も知られるようになった．小惑星帯に探査機を送り，微惑星の名残である小惑星から岩石を持ち帰る計画は，サンプルリターン計画とよばれている．小惑星探査機「はやぶさ」は，小惑星「イトカワ」からの微粒子を地球に持ち帰ることに成功した．これに続く「はやぶさ 2」の持ち帰る試料も含め，これらの研究が進むことで，地球の起源に関する研究が大きく進展すると期待されている．

地球の成長とマグマオーシャン

微惑星が集積し地球が形成される過程では，地球に落下・衝突する微惑星は**重力エネルギー**を失い，このエネルギーによって原始地球は外部から加熱されることになる．地球表層の温度がどのくらいにまでなったかは，衝突する微惑星の質量，集積に要した時間（集積速度が遅ければ，熱は放射熱として宇宙空間に放出されるので地球表層は高温にはならない），原始地球の大気に含まれる温室効果ガスの量など複雑な要因に依存する．温室効果ガスは，地表から放射された赤外線を一部吸収することにより，熱が宇宙空間に逃げるのを妨げる作用を有する大気中の気体で，水蒸気，二

酸化炭素，メタンなどが該当する．地球集積モデルによれば，原始地球の温度は当時地球の表面を覆っていた岩石の融点を超え，その結果地球全体が溶融したマグマに覆われていたと考えられており，これを**マグマオーシャン**と呼んでいる．

　後述するように，当時の地球の大気は大きな**温室効果**を有する CO_2 と H_2O からなり，その量がマグマオーシャンの規模に重要であった．集積時間を 5,000 万年とすると，微惑星に含まれる水の量が 0.1 重量％だった場合にはマグマオーシャンの深さは数十 km 程度，また 2.0 重量％の水を含んでいた場合には 1,000km の深さのマグマオーシャンが形成されたと見積もられている．いずれにしても，原始地球の表層には大規模なマグマオーシャンが存在したことになる．

　原始地球を構成した物質が溶融すると，珪酸塩メルト（溶融体）と金属メルトが分離し比重の大きな金属はマグマオーシャンの底へ沈降して行く．重い金属メルトが沈降することによる重力エネルギーの解放によって，地球は内部からも加熱され，その結果金属メルトは地球の中心部にまで沈降して中心核となった．核の形成は地球が形成されてから 3,000 万年ほどのごく早い時期に生じた現象である．

(2) 大気および海洋　原始大気の形成

　微惑星が集積して地球が形成される過程で，周囲にある原始太陽系星雲のガスも同時に集積するので，地球の大気は原始太陽系星雲を構成していた水素やヘリウムを主体とするものになっていたはずである．表 1.2 に示すように水素やヘリウムを主成分とする大気は木星型惑星に知られている．ところが，地球の現在の大気組成はこれとはまったく異なり，窒素や酸素を主成分としている（表 1.2 および表 1.3）（理科年表，2006）．地球型惑星である金星や火星の大気も二酸化炭素や窒素を主成分としており，木星型惑星の大気とは異なっている．

表1.2　惑星の大気データ

	金星	地球	火星	木星	土星
表面大気圧（bar）	90	1	0.006	—	—
組成（体積比：%）					
H_2	—	—	—	93	98
He	—	—	—	7	2
Ar	—	0.9	1.6	—	—
N_2	3.4	78	2.7	—	—
O_2	—	21	—	—	—
CO_2	96	0.036	95	—	—
SO_2	0.015	—	—	—	—
CH_4	—	—	—	0.3	—

表1.3　地球の大気組成

	体積比（%）
主成分（乾燥大気）	
N_2	78.08
O_2	20.95
Ar	0.93

	体積比（ppm）
微量成分	
H_2O	40-40,000
CO_2	360
Ne	18.2
He	5.2
CH_4	1.7
Kr	1.1

　太陽が核融合を起こし，主系列星となると，水素やヘリウムのようなガスは強い太陽風によって，地球軌道付近からは吹き払われてしまった（図 1.1d および e）．したがって，地球型惑星の大気は原始太陽系星雲ガスに由来するのではなく，惑星形成時に微惑星が集積する過程で微惑星に含まれていた揮発性成分が脱ガスして形成されたと考えられている．これらの揮発成分を考慮すると，形成直後の地球には CO_2 と H_2O を主体とする大気が形成され，この他に N_2，NH_3，HCl，SO_2，H_2S なども含まれていたと考えられる．

　原始大気の主成分であった CO_2 や H_2O を構成する，H や C は酸化還元状態が異なると，さまざまな化学種として存在する．次の化学反応に示されるように，一酸化炭素やメタンとしても存在しうることがわかる．酸化度が高ければ，CO_2 や

H_2O が安定であるが，中間的な酸化度では CO や H_2O が，また還元的環境では CH_4 や H_2 が安定な化学種である．

$$CO_2 + H_2 = CO + H_2O \quad （中間的な酸化度）$$
$$CO + 3H_2 = CH_4 + H_2O \quad （還元的な環境）$$

これらの反応が示すのは，大気中の水素ガス分圧が高いほど還元的な環境となることである．

　水素ガスはマグマ中の鉄化合物と水蒸気の反応によって生じる．水蒸気は酸素と水素の化合物だが，鉄と反応すると鉄に酸素を奪われて水素ガスを遊離する．地球に飛来する隕石の分析によって，地球型惑星を形成した微惑星には，かなりの量の鉄が含まれていたことが知られている．すでに述べたように，原始地球の初期にはマグマオーシャンが形成され，その際に金属鉄は地球内部に沈降した．地球表層は鉄酸化物や鉄ケイ酸塩鉱物のメルトに覆われていて，還元剤として作用する金属鉄が存在しなかったために，酸化的な環境であったと考えられている．これらのメルトやマグマオーシャンが固結直後の地球の表層物質と平衡状態にあった初期地球大気は，酸化的な化学種である CO_2 および H_2O が主成分であったことになる．マグマオーシャン固結直後の地表は高温であったため，水はすべて水蒸気として存在しており，海はまだ形成されてはいなかった．

原始海洋の形成

　初期地球において，集積する微惑星中の水含有量が 2 重量%であるとすれば，当時の地表での CO_2 および H_2O の圧力はそれぞれ 20 気圧および 180 気圧と見積もられる．この場合，大気中の全水分量は現在の海水の総量にほぼ等しく，また CO_2 量は現在の堆積岩中に存在する炭素の総量にほぼ等しい．大気の温度が低下し，水の臨界点（374℃，2.21×10^7 Pa）以下になって初めて雲が形成され，やがて地球表層には雨が降ったであろう．地球最初の雨は，初期大気に含まれてい

表 1.4　平均海水の化学組成

イオン	濃度（ppm）	イオン	濃度（ppm）
Na^+	10,760	Cl^-	19,350
Mg^{2+}	1,294	SO_4^{2-}	2,712
Ca^{2+}	412	HCO_3^-	145
K^+	399	Br^-	67

た HCl や SO_2 が溶け込んだ結果強酸性であったので，この雨が地表にたまると酸性の**原始海洋**が形成された．海水中の酸（H^+）は岩石と反応し，Na^+，K^+，Ca^{2+} などの陽イオンを溶かし出して短時間のうちに中和され，現在の海水のような組成（表1.4）になったと思われる．その過程では酸が消費されて中和されるまで反応が継続することになる．これと同様の現象は，現在でも火山の火口湖などで起こっており，そこでは周囲の岩石が強酸性の水と反応して，粘土鉱物などから成る酸性変質帯が発達している．

　海水の pH が酸性から中性になると，大気中の CO_2 は海水に溶け込むことができる．CO_2 が海水に溶けて炭酸イオンを形成すると，海水中の Ca^{2+}（および Fe^{2+}，Mg^{2+}）と反応して $CaCO_3$ などの炭酸塩が沈殿する．この過程で大気中の CO_2 濃度は徐々に低くなるが，海底堆積物中の炭酸塩鉱物は火山活動による熱の影響を受けて分解し，再び大気中に CO_2 として放出される（図1.2）．初期地球では，火山活動が現在よりはるかに活発だったと考えられ，CO_2 が図にみられるような循環をしており，そのために大気中の CO_2 濃度は一定レベル以下には下がらなかったと思われる．

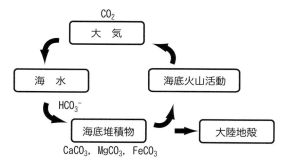

図 1.2　初期地球における CO_2 循環の概念図

大気中の二酸化炭素濃度の変遷

　主系列星となったばかりの太陽光度は，現在より 20 ～ 25 ％低かったと考えられている．太陽は水素原子 4 個からヘリウム原子 1 個をつくる核融合反応に伴うエネルギーで輝いている．現在の太陽は誕生後約 46 億年を経過し，核融合に使うことのできる中心部の水素約半量が核融合反応に使われた状態にある．核融合反応の生成物のヘリウム原子は水素より質量が大きいので，太陽の中心部に蓄積されており，その結果核融合反応の起こる領域が徐々に太陽の外周部に移りつつある．そのため中心部で核融合反応が起こっていた誕生直後の太陽は，反応領域が外側へ移動するにつれて輝きを増すことになる．つまり，初期地球が太陽から受けるエネルギーは，時間の経過とともに徐々に増加することになるが，大気中の CO_2 濃度が高いままだと，その温室効果により地表面の温度は上昇する．そのために，やがて海は蒸発してしまうことになるが，いったん海水が蒸発すれば水蒸気による温室効果も加わるので，地表温度はさらに上昇して，現在の金星にみられるような環境（地表温度 460 ℃）になってしまうと考えられる．したがって，地球の表層環境が現在みられるような生命の存在に適するようになるには，大気中の CO_2 濃度が初期の段階で低いレベルにまで下がる必要があった．

　大気中の CO_2 濃度の変遷は，理論的なモデル計算により比較的よくわかっている．地球が太陽から受けるエネルギーは時間とともに増加してきた．地球史を通じて海洋が蒸発してしまった地質学上の証拠はなく，また全海洋が凍結した証拠はごく一部の時代に知られているのみである．海水が液体として存在できる条件を保持するように，大気中の主要な温室効果ガスである CO_2 濃度を推定したのが図 1.3 である．図中には全地球規模の氷河期の気温から推定される情報も加味されている．かなりの不確実さはあるものの，地球史を通じて CO_2 濃度が徐々に減少してきたことが示

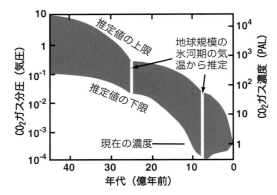

図 1.3　大気中の CO_2 濃度の変遷
Kasting, 1993 より作成.

されている．

　大気中の CO_2 濃度がさらに低下するためには，**大陸地殻**の形成によって，炭酸塩や有機炭素が大陸地殻中に取り込まれて，上記の循環系（図 1.2）から隔離される必要があった．大陸を構成する花こう岩質の岩石は，プレートが海洋底下に沈み込んで溶融し，このようにしてできたマグマが固結したものである．花こう岩は海洋底を形成する玄武岩よりも比重が小さいため，いったん形成すると地球内部に沈み込むことはなく，互いに集合して大陸へと成長して行く．この時に海洋底に沈殿した炭酸塩鉱物を含む堆積岩の一部が大陸に取り込まれて，図 1.2 の **CO_2 循環**からはずれることになる．現在の地球では，炭素の 90 ％は炭酸塩や有機物として大陸域の堆積岩中に保存されており，海洋底には 10 ％が存在しているにすぎない．

大気中の酸素濃度の変遷

　地球の大気組成が他の地球型惑星と大きく異なる点は，高濃度の酸素が含まれていることである（表 1.3）．初期地球では創成期の太陽から非常に強い紫外線が注ぎ，水の光分解反応で以下のように酸素が生成したと考えられる．

$$2H_2O = 2H_2 + O_2$$

大気圏の上層でこの反応が起こり，水素と酸素が同時に生じるが，質量の小さい水素の方が地球の

引力を振り切って宇宙空間に逸散しやすい．その結果，大気中には酸素が残ることになる．しかしながら，このメカニズムによって生じうる酸素濃度はせいぜい 10^{-13} PAL（Present Atmospheric Level，現在の大気中の酸素濃度を 1 とした時の相対値）程度であると計算されている．前述した CO_2 濃度の変遷と比較すると精度は下がるものの，大気中の酸素濃度の変遷は，その当時に形成された地層に記録されているさまざまな情報を解析することによって推定されている．それによれば，大気中の酸素濃度は今から 22 ～ 18 億年前に急上昇し，現在のレベルにまで近づいたとする考えが主流である．酸素発生は**光合成**をする生物によるもので，以下のように CO_2 と水から酸素がつくられる．

$$CO_2 + H_2O = CH_2O + O_2$$

ここで CH_2O は有機物（6 倍にすると $C_6H_{12}O_6$ となり，グルコースに相当）を示している．この反応は逆方向へも進み，有機物が酸素を消費して分解され炭酸ガスと水が生じている（呼吸）．したがって，大気中に酸素が放出されるためには，光合成によって生成した有機物が隔離される（地層

中に埋没する）必要がある．このようにして大気中に放出された酸素は，初期地球では大気や海水中の H_2S の酸化に，また海水中に溶存するかあるいは地殻中に存在する Fe^{2+} の酸化のために消費された（表 1.5）．現在の大気中に存在している遊離の酸素は，地球史を通じて生成した酸素総量の 3 ％にすぎないことがわかる．その大半は海水中に存在する硫酸イオンとして（表 1.4），あるいは地殻中に堆積岩として存在する鉄酸化物となっている．鉄酸化物の一部は，第 V 部で述べられるように，縞状鉄鉱床として，我々が利用しうる唯一の鉄資源を形成している．

表1.5　地球史における酸素の生成量と消費量

O_2 の生成量	単位10^{18} moles
$CO_2 + H_2O \rightarrow CH_2O + O_2$	
O_2 生成量＝地殻中の有機炭素量	
＝1,250	

O_2の消費量
(1) 現在の大気： 38 （＝ 3%）
(2) 硫酸イオン（海洋＋蒸発岩）： 580 （＝46%）
$\quad$（$S^{2-} + 2O_2 \rightarrow SO_4^{2-}$）
(3) 酸化鉄： 632 （＝51%）
$\quad$（$Fe^{2+} + 1/4O_2 + H^+ \rightarrow Fe^{3+} + 1/2H_2O$）
$\quad$（Fe^{3+}/Fe^{2+}）地殻中の平均値＝0.14

酸素の生成量と消費量は Lasaga ほか（1985）による．

第 2 章　地球の内部構造

地球内部の層状構造（図 2.1）は誕生初期から存在したのではなく，未分化の状態から冷却の過程で層状構造へと分化していったことは第 1 章で述べた．地球全体にわたっての内部構造は，地震波の速度変化をもとに区分されている（図 2.2）．さらに詳細な化学組成や性質は，深層ボーリングや，弾性定数や重力に基づく地球物理学的手法，マントル上部よりもたらされた岩石に基づく岩石学的手法，さらに深部のマントルや核に関しては，超高温・高圧実験による実験的手法，また理論計算によって研究されている．

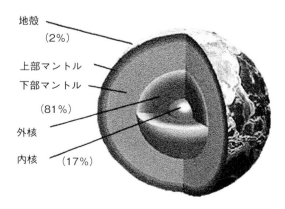

図 2.1　地球の内部構造（**PREM**）
カッコ内は体積比．

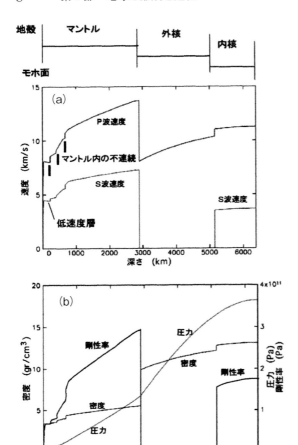

図 2.2 （a）地震波の速度変化（IASP91 モデル）と
（b）密度，圧力，剛性率変化（PREM）
マントル内には約 400 km，500 km，660 km に不連続
があり，最上部には低速度層もある．

地下 5 ~ 20 km で地震波の P 波，S 波ともに速度が急に上昇するところがある．この境界面を発見者の名にちなんで，**モホロビチッチ不連続面（モホ面）**と呼び，これが**地殻**と**マントル**の境界である．それより深くなると，いくつかの不連続があり，2,900 km で P 波は大きく減少し，S 波は通過しなくなる．この不連続面より上をマントルと，下を核と区分する．核の外側部分（**外核**）は横波の S 波を通さないことから，流体と考えられている．さらに 5,200 km で不連続面があり，これより深部が**内核**（固体）である（図 2.2）．地殻，

マントル，核の地球全体に対する体積比は，2%，81%，17% である．

（1）地殻を構成する物質とその性質

地殻は地球全体積の 2% にすぎないが，詳細に研究されている．地殻を構成する物質については，第Ⅳ部に詳細に記されているので，ここでは全体的な様子を記す．地殻を構成する物質や構造は，大陸地域と海洋地域で大きく異なり，またそれぞれの中で地域によっても変化する．大陸地域では厚さが 20 ~ 60 km で，上部は花こう岩質の岩石，下部ははんれい岩質の岩石である．一方，海洋地域では厚さは 5 ~ 8 km で，上部の薄い堆積物層と海嶺玄武岩質の岩石層よりなる．

（2）マントルを構成する物質とその性質

マントルは地球体積の 81%，質量の 68% にあたり，地球の大部分を占めている．地震波速度の分布をみると，マントル内部で 3 つの不連続が見出される．この不連続によってモホ面から 410 km までを上部マントル，410 ~ 660 km をマントル遷移層，660 ~ 2,900 km を下部マントルとよぶ．660 km 以深では，深発地震が観測されておらず，これより深いところに連続的にプレートが沈み込んでいる証拠は見つかっていない．

マントル内の地震波速度の変化は，何によって起きているのであろうか．地殻には 4,000 種以上の鉱物が存在するが，マントルでは数種類の極めて限られた鉱物しか存在していないと考えられている（図 2.3）．すなわち，上部マントルではかんらん石と輝石，ざくろ石の 3 つの鉱物（いずれもケイ酸塩鉱物，詳細は第Ⅳ部を参照）がその代表である．マントルの化学組成は 2,900 km の深さに至るまでにほとんど変化がないが，圧力と温度は大きく変化する（図 2.2 (b)）．最近の超高圧・高温実験によって，かんらん石などの鉱物が，深さ 410 km, 550 km, および，660 km において順次相変化して別の鉱物に変わり，その結果，密度や

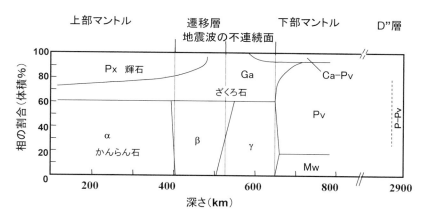

図 2.3　マントルを構成する鉱物の圧力変化
（入舩徹男 1995『地球内部の構造と運動』p.117 に加筆）

Px：輝石，α：かんらん石，
Ga：ざくろ石，β：変形スピネル相，
γ：スピネル相，
Pv：斜方晶系ペロブスカイト相，
Mw：マグネシオウスタイト相，
Ca-Pv：立方晶ペロブスカイト相，
P-Pv：ポストペロブスカイト相．

地震波速度が変化していることが明らかにされている（図 2.3）．マントル遷移層ではかんらん石から相転移した鉱物（図 2.3 の β と γ）が多量の水を含むことができることがわかり，地球深部の水の貯留層として注目されている．660 km 以深の下部マントルでは，ペロブスカイト構造をもつケイ酸塩（ブリッジマナイト；図 2.3 の Pv）と Mg‐Fe の酸化物（マグネシオウスタイト；図 2.3 の Mw）が存在すると考えられている．ペロブスカイト構造の鉱物はかんらん石に比べると密度が高く，地震波速度も速い．

　マントルの最下部は，液体の金属質の外核と固体の岩石質のマントルとの境界に相当するところで，この部分の厚さ 200 km 程度の層を D”層とよぶ．ここでは，化学組成や酸化還元状態がまったく異なり，地震波速度に異方性のある領域や，速度の大幅に低下した超低速度層とよばれる領域が存在することが指摘されていた．最近の高温高圧実験によって，D”層では，ペロブスカイト構造の鉱物が，さらに密度の高い異方性のある物質（ポストペロブスカイト）に変化することが明らかにされた．D”層は，厚さや状態が一様でなく，後に述べるホットプルームの発生場所や，コールドプルームのたまる場所であり，地球内部ダイナミクスにおける重要な役割を果たしていると考えられている．

　反対にマントルの最上部では，モホ面から上昇

していた地震波速度が逆に低下する層（70 km から 250 km の深さ）が見出されており，これを**低速度層**とよぶ．海洋地域で最も顕著で，楯状地などの古い地殻の下ではあまり発達していない．低速度層では温度が相対的に高く，岩石の低融点成分が部分的に溶融しているか，あるいは岩石の粘性が下がり流動性が増した状態になっていると考えられる．プレートはこの低速度層の上を滑り，内部変形を起こさず剛体盤として移動することができると考えられている．また，低速度層はマグマの発生源とも考えられている．

（3）核を構成する物質とその性質

　核は地震波の速度変化（図 2.2）から，外核（流体）と内核（固体）とに分けられている．密度はマントルから核に入ると 5.5×10^3 から 10×10^3 g/cm^3 に不連続に増加し（図 2.2），この変化は明らかに化学組成のちがいでなければ説明できない．鉄隕石（隕石のなかで Fe，Ni などの金属からなり，岩石成分をほとんど含まないもの）が Fe‐Ni 合金であることから，核は Fe‐Ni 合金であると考えられていた．しかし，核の密度は，超高圧実験による Fe‐Ni 合金の密度より $1 \sim 2 \times 10^3$ g/cm^3 低く，核はこの密度を下げる何らかの軽元素を含んでいなければならない．この元素として，イオウ（イオウは隕石には 2％含まれるが，地殻やマントルにはそれぞれ 0.02％，0.01％しか含ま

れないため）や酸素のほか，最近では水素も候補
とされている．また，マントル-核境界において，
FeO が核に溶け込む可能性も指摘されている．外
核が溶融しているのは，おもに地温勾配と鉄の融
解曲線が交差していること，また，上述の軽元素
が含まれることにより，融点が降下することも寄
与していると考えられている．

　さて，外核（150～340万気圧，3,000～3,700℃）
が流体であるということから，人類をはじめ地球
上の生物は大きな恩恵を受けている．それは磁場
の存在である．地球磁場は，高温の内核の熱源に
よって外核の流体鉄が対流することにより発生し
ていると考えられている．対流の様式や規模は，
地球自転などのいろいろな要素に依存すると考え

図 2.4　地球磁気圏

られ，まだ十分に解明されていない．地球をとり
まくこの磁場が，太陽風や宇宙線を遮蔽し，地球
上に生命の発生や生物の進化を可能にし，現在も
生物は生命活動を維持することができるのである
（図 2.4）．

第3章　地球内部のダイナミクスと地球進化

（1）　マントル対流

　上述した地球内部構造は，現在の地球の静的な
姿である．しかし，それぞれの層を構成している
物質は層内で静止しているのではない．最近では，
地球内部は全地球規模でダイナミックに流動して
いると考えられている．地球表層を覆うプレート
（地殻と上部マントルの一部）が現在活発に動い
ていることは，よく知られることである．同様に
地球深部（マントルや核）においても，物質は数
億年という時間的スケールで大規模な運動をして
いる．その運動は地球表層のプレートの移動やそ
の他の地質現象とリンクしている．

　地震波トモグラフィーによって，地球内部の地
震波の三次元構造がわかるようになってきた（口
絵 1）．地球内部の地震波速度を解析することに
より，地球内部の三次元的な熱的な構造（あるい
は密度のちがいによる構造）を構築することがで
きる．地震波の速度は柔らかい（熱い）物質で
は遅く，硬い（冷たい）物質では速くなる．それ
によると，沈み込んだ冷たいプレートが上部マン

トルと下部マントルとの境界（660 km）付近でいっ
たん溜まり（約 1 億年程度と計算されている），
それが核 - マントル境界，すなわち，マントルの
底に巨大な塊として沈んでいく（図 3.1）．この下
降流をコールドプルームという．一方，マントル
底の D″層から熱い大規模な上昇流（ホットプルー
ム）が南太平洋とアフリカ大陸の下に存在してい
る．このように地球深部から地球表層にわたって，
物質と熱の大規模な循環（対流）が起きていると
考えられている．このようなコールドプルームと
ホットプルームが大規模なマントル対流の実態で
あり，コールドプルームはプレートの運動と関係
しているが，大規模なマントル対流とプレートの
運動は必ずしも一致しない．

　このような大規模な物質循環は地球形成初期
ほど活発であったと考えられる．地球への微惑
星・隕石の衝突がほぼ終了したころ，地球は外
側から 1/3 ほどがマグマオーシャンとして溶融
しており，その後，地球は熱（おもに集積エネ
ルギー）を放出する冷却の歴史をたどっている．

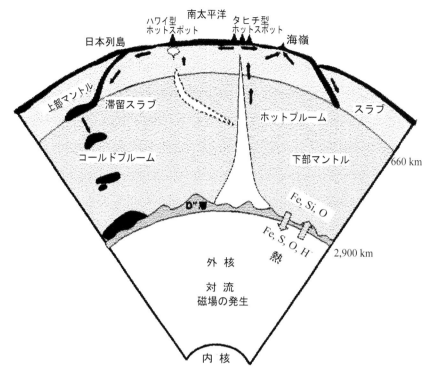

図**3.1**　地球内部ダイナミクスの概念図

そのおもな冷却機構が地球規模での対流である.したがって, 冷却する地球進化に伴い, 対流の規模や深さが変化し, 約26億年くらい前からは現在の対流の規模に近いものになったと考えられている. これらの地球規模での運動が, 地球表層の環境変動を引き起こしていることを, 次項で述べる.

(2) 地球進化と地球環境変動

　ウェーゲナーの大陸移動説としてよく知られているように, 大陸は数億年単位で分裂・合体を繰り返している. これを提唱者の名をとり**ウィルソンサイクル**という. この大陸の分裂・合体は, 上述のように核から地殻に及ぶ運動によって引き起こされている.

　さらに, この地球内部の運動が, 地表の生物の絶滅を引き起こすような大規模な環境変動の原因となっていると考えられるようになってきた. 大規模な環境変動の原因としては隕石の衝突説もあるが, たとえば古生代と中生代との境界（P‐T境界）における生物の大量絶滅では, 以下のようなシナリオが描かれている. 超大陸パンゲアが形成され, その下に大規模なホットプルームが発生し, 膨大な洪水玄武岩を噴出する大規模な火山活動が続き, 火山ガスによる温室効果で大気の高温化が進み, これが海洋の貧酸素状態を引き起こし, 陸海の生物の絶滅を引き起こしたというものである.

　地球は46億年の歴史において, 大規模な環境変動を数回経験してきた. その主要な原因の1つは, 地球内部のダイナミックな運動の進化にあり, 他の主要な原因は地球表層の生物の進化にあるということができる. すなわち, 地球誕生後, 熱の放出の過程で, 地球内部の物質はダイナミックに運動し, その運動の地表での現れが地質現象であり, それらが表層環境の変化を引き起こしてきた. そして, その環境変動を機にある生物は絶滅し, 環境変化に耐えた生物が新たな進化を遂げ, その

生物が地球表層の環境をさらに新しくつくり変えてきたと考えられる（たとえば，現在の酸素に富む大気は，酸素を発生する生物の出現と繁栄によりもたらされてきている）．

　言い換えれば，地球環境は，46億年に及ぶ地球自身のいわば無機的な進化と，その上に繁栄する生物の進化によってつくられてきている．地球とそこに生息する生命は一体となって環境をつくり，環境を変え，1つのシステム（地球システム）として進化を遂げてきた．現在の姿はその時間的一断面図であり，未来もまた一体となって進化していくと考えられる．

(3) 地球の未来像

　太陽系における地球の両隣の惑星は金星と火星である．火星は太陽より遠く，また，小さい惑星であり早く冷えたと考えられている．保温効果の役目を果たす大気も100分の1程度しかなく，表面の平均温度は－55℃である．地球の進化は冷却の過程であることを述べたが，今後，地球がもっと冷やされると，現在の火星のように内部の対流が不活発になっていき，火山活動も停止し，最終的には外核も固化し，完全に冷えてしまうと予測されている．これには20～30億年かかると計算されている．一方，太陽は恒星としての進化をたどり，進化の末期には地球を飲み込み，赤色巨星となり超新星爆発を起こすと考えられている。太陽放射量が増大すると，地球の放射エネルギーより太陽放射が大きくなり，バランスがとれなくなる．そのため海水が蒸発し，水蒸気の温室効果によりさらに温暖化が進み，地球上の水は25億年以内で宇宙空間に散逸してしまうと計算されている．金星は，90気圧の CO_2 の大気をもち，その温室効果で表面温度は平均で460℃となっており，このような運命をたどった可能性がある．地球も太陽放射が増える過程では金星に近い姿になるかもしれない．

■コラム ||||||||||||||||||||||||||||||||||||||||||||||||||||||||||||||||||

プレソーラーグレイン

　原始星が十分成長し，中心部の温度がおよそ 10^7 K に達すると，水素原子核 4 つからヘリウム原子核 1 つが作られる核融合反応が始まる．太陽もこの核融合反応により産み出されるエネルギーにより輝いている．太陽では，ヘリウム以外の元素はつくられておらず，それ以外の元素のほとんどは太陽系が形成される以前に生成されていたものである．太陽系はすべてが一旦ガス化して均質に混合されたと考えられていたが，隕石中に同位体比の不均質が見出され，均質化を免れた物質が残っていることが示された．このような太陽系の形成が始まる前から存在していた固体物質は太陽系前駆物質（プレソーラーグレイン；presolar grains）とよばれている．

　鉄よりも重い元素は主として s-process，r-process という二つの核合成反応過程で生成されたと考えられている．"s" は slow，"r" は rapid に由来する略号であり，ともに中性子が原子核に付加される反応であるが，その供給速度に「遅い」・「速い」の違いがある．r-process では不安定な原子核でも，それが放射壊変を起こす前に中性子が原子核に取り込まれる．中性子供給が停止すると，β 壊変を繰り返して，安定な原子核へと至る．一方，s-process では中性子の吸収により不安定な原子核が生成されると，その原子核は次の中性子吸収の前に放射壊変し，安定な原子核となる．このように安定な原子核のみが中性子を吸収していく．このような中性子供給速度の違いから s-，r-process で生成される原子核の組成に違いが生じ，異なる同位体組成の原子核を生成する．これらの核合成過程はそれぞれ別の天体において起きており，太陽

系は複数の天体を起源とする物質から構成されていることを意味している．太陽系の平均組成からずれた同位体比のことを「同位体異常」と呼んでいる．まず，希ガスであるネオン (Ne) の同位体異常が炭素質コンドライト全岩の段階加熱法により見出された．その同位体異常を保持する担体を見出すために，幾重にもわたる化学処理が施され，ダイヤモンド，シリコンカーバイド (SiC)，グラファイトという同位体異常の担体が見つけられていった．ダイヤモンドには r-process 由来の同位体異常が，SiC・グラファイトには s-process 由来の同位体異常が見出された．二次イオン質量分析法 (SIMS: Secondary Ion Mass Spectrometry) や共鳴イオン化質量分析法 (RIMS: Resonance Ionization Mass Spectrometry) などにより高感度局所同位体分析が導入されると，粒子ごとの同位体分析が可能になった．これにより SiC やグラファイトにはさまざまな天体に由来する粒子が含まれていることが明らかになった．たとえば，SiC の 1 % を占める X-grains は，超新星爆発に由来する r-process 由来の同位体異常を含んでいる．また，コランダム (Al_2O_3) やスピネル ($MgAl_2O_4$) などの酸化物，さらには，オリビンやパイロキシンといったケイ酸塩鉱物にも同位体異常を示すものが見出されている．炭素質コンドライトに含まれる酸化物やケイ酸塩鉱物のほとんどの粒子は太陽系平均組成と一致する同位体組成を示しているが，超高空間分解能をもつように開発された結像型 SIMS を用いることで，酸化物やケイ酸塩鉱物の一部が同位体異常を保持していることが示された．このようにプレソーラーグレインの研究により，太陽系を構成する物質は，完全に均質になるような高温には達していないこと，多様な天体を由来とする物質が混合されていることが明らかになった．

第Ⅱ部　地球表層環境の変遷と生物進化

第4章　地球の歴史と生物進化

(1) 化石

化石とは

化石とは，地質時代に生息していた生物の遺骸あるいはそれの遺した生活の痕跡である．一般的に完新世よりも前のものを化石とよぶことが多く，過去一万年以内のものは半化石ともよばれる．生物の死後，その体が堆積物中に埋没すると，さまざまな物理・化学・生物的作用を受けて，やがて一部が化石となる場合がある．この過程を化石化過程という．通常は殻や骨，歯のような硬組織が化石になりやすいが，化石は必ずしも硬いとは限らない．琥珀に閉じ込められた生物のように，軟体部が残ることもある．いずれの場合でも生物の体の一部あるいは全体が保存されたものを体化石という．一方，足跡や巣穴，糞などの生物の残した生活の痕跡は生痕化石とよばれる．生物の体の構成成分や，体内で生成される有機化合物は分子化石（化学化石）とよばれる．生物のもつ脂質や光合成色素に由来するもの，タンパク質や核酸などの生体高分子がこれに含まれる．分子化石のうち，その由来となる生物が特定できるものをバイオマーカーとよび，生物進化や古環境を示す指標として用いることができる．このような化石は先カンブリア時代の生命の痕跡を探るうえでも重要である．

原地性と異地性

生物がその生息場所からほとんど移動せずに化石になったものを原地性であるという．厳密な意味で原地性の化石を形成できるのは，海洋では海底面上に生息する表生底生生物と海底面下に潜って生活する内生底生生物に限られる．陸上植物などの陸生生物も原地性の化石を残すことがある．また生痕化石は基本的に原地性である．一方，生物が死後生息場から離れた場所で堆積して化石となったものを異地性であるという．底生生物が水流に流されて移動し，堆積したものは異地性であり，遊泳性生物や浮遊性生物が化石となったものは基本的にすべて異地性といえる．研究対象としている化石が原地性か異地性かを判断することは重要であり，これを誤ると妥当な研究結果が得られない．化石を用いるすべての研究において，最初に注意を払うべき点である．

示準化石と示相化石

示準化石と示相化石という単語は，古生物学関連の教科書に必ず登場する用語である．たいていの場合「地層の年代の判定に役立つ化石を示準化石とよび，古環境の推定に役立つ化石を示相化石という」と説明される．しかし地球の歴史において，あらゆる生物種は必ずいつかの時点で出現し，そして絶滅している．したがって突き詰めればすべての化石が示準化石となり得る．これを踏まえると，よく示準化石の例に挙げられるアンモナイトやフズリナは，示準化石として「より利用価値が高い」ことを意味している．二枚貝やサンゴなど，時代によってより効果的な示準化石になるものもある．一般的に「有効な示準化石」という言葉は，後述の生層序学における化石帯の設定と対比に有用な種を多く含む，目以上の高次分類群に対して用いられているようである．

同様に，示相化石も突き詰めればすべての化石

が該当し得る．単一の種が地球上のすべての環境に生息することはあり得ないためである．しかし通常「示相化石」として知られているものには年代的な偏りがあり，第四紀もしくは新第三紀の化石が圧倒的に多い．示相化石の例として，環境条件によって属や種の分布が変わる広葉樹や微化石の有孔虫，あるいは造礁サンゴのように生息可能条件が限定的なものがよく挙げられるが，たいていの場合これらは新生代の化石を指している．化石による古環境の推定では，同一あるいは近縁の現生種の生息環境を参考にすることが多く，そのような化石は新しい時代ほど多いためである．これは，「現在は過去を解く鍵である」という斉一説の考えに基づく推定方法である．現生種のいない古い時代の化石について，その生息環境を推定する場合は，複数の分類群の産出状況を比較し，さらに堆積相を考慮して総合的に判断する必要がある．その際，化石から古環境を推定しつつ，その古環境によって化石の生息場を限定するような循環論に陥らないよう，慎重にならなければならない．

(2)　地球史の年代表
層序学
　地球が誕生してからの地球表層環境の変遷の記録を，一般的に地球史とよぶ．地球史の編纂のためには，地球上に散在する地層や化石の情報を集め，整理して，形成された順序に並べなければならない．この作業を行う分野が層序学である．国際層序ガイド（国際層序区分小委員会，日本地質学会訳，2001）によれば，層序学とは，地球表層を構成する地層や岩石を記載し，それらを「固有の特性や属性に基づいて地質図上に作図できる特徴的で有用な層序単元に整理する」科学である．「特徴的で有用な層序単元に整理する」作業には，以下が含まれる．まず岩石（あるいは地層）を，ある特徴を共有するまとまりごとに区切る．次に隣り合うまとまりのどちらが古いか（どちらが新しいか）を判断する．さらに，あるまとまりが遠

く離れた場所にあるほかのまとまりと同じものかどうかを比較する．こうして整理されたまとまりを基本単元として，岩体あるいは地層の水平方向への広がりと初生的な積み重なりの順序を復元しようというのが，層序学の基本的な目的である．
　層序学を支える基本原理には，地層累重の法則，化石による地層同定の法則などがある．地層累重の法則（law of superposition）は，17世紀後半，近代地質学の黎明期にステノが提唱した「重なり合う2つの地層では，上位の地層は下位の地層よりも新しい」という地質学における最も基本的な概念である．化石による地層同定の法則（law of strata identified by fossils）は，「互いに離れた場所にある地層に同一の化石が含まれる時，それらの地層は同時期に堆積したとみなすことができる」という地層対比における化石の有用性を示した原則で，19世紀の初めにスミスが提唱している．

岩相層序と生層序
　岩石や地層を区分する方法にはいくつかの種類があり，いずれにおいても，その実践はある特徴を共有するまとまり，すなわち**層序単元**の認定から始まる．**岩相層序**は，岩相上の特徴と上下関係をもとに岩石を整理する．岩相層序における公式の層序単元には，**単層**，**部層**，**層**，**層群**がある．地質調査の際，野外において実際に認定できるのは「礫岩層」や「砂岩層」のような"最小"のまとまりである．とくに明確な特徴をもち，ほかと区別され得るまとまりには固有の名称が与えられ，「単層」とよばれる．これらの最小のまとまりは通常厚さが数cmから数m程度であり，分布が狭過ぎて地質図上には表現できない．そこで累重する最小のまとまりを，ある特徴を共有するさらに大きなまとまりに括ってこの分布を地形図上に示し，地質図とする．このまとまりが「層」であり，岩相層序の最も基本的な単元である．「部層」は「層」のすぐ下位の単元であり，「層」がもう少し細かいまとまりに分けられる場合に使用

される．同様に「層群」は，複数の「層」を岩相の共通性に基づいてまとめられる場合に定義される．「部層」と「層群」は，「層」があってはじめて提唱できる．岩相層序は地質図と密接に関係し，層序学を実践する研究者や学生が視覚的に最も理解しやすい概念である．

生層序は，含まれる化石の分布特性に基づいて岩石の積み重なりを整理する．生層序における層序単元は**化石帯**である．化石帯というまとまりを識別するには，その境界を認識する必要がある．この境界は，一連の層序断面における化石の産出状況の特性が明確に変化する面，すなわち生層準

によって定義される．化石帯には以下の五つが知られている；**区間帯，間隔帯，群集帯，多産帯**，そして**系列帯**である（図 4.1）．それぞれの化石帯は，おもにその層序断面における特定の分類群の産出下限層準あるいは産出上限層準によって規定されるが，多産帯のみ，特定の分類群の産出数が明確に増加あるいは減少する層準を以て定義される．生層序はその単元区分を野外で実感できることはあまり多くないが，生物種の生息範囲と生息期間に基づくため地域差の影響が比較的少なく（そのような種を基準種に選ぶことが好ましい），岩相層序に比べてより広範囲に適用される場合が

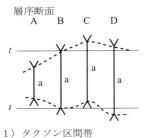

1）タクソン区間帯

この例では帯の上下の境界はタクソン a の産出区間に基づいて決定される

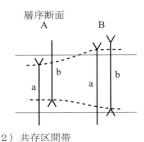

2）共存区間帯

この例では帯の上下の境界はタクソン a と b がともに産出する区間で決定される

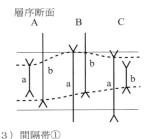

3）間隔帯①

この例では，帯の下限はタクソン b の産出最下限，上限はタクソン a の産出最上限である

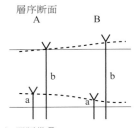

4）間隔帯②

この例では，帯の下限と上限はそれぞれタクソン a とタクソン b の産出最上限である

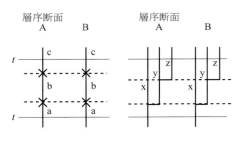

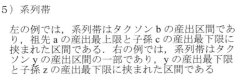

5）系列帯

左の例では，系列帯はタクソン b の産出区間であり，祖先 a の産出最上限と子孫 c の産出最下限に挟まれた区間である．右の例では，系列帯はタクソン y の産出区間の一部であり，y の産出最下限と子孫 z の産出最下限に挟まれた区間である

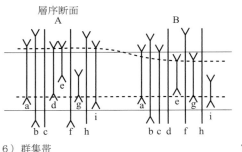

6）群集帯

この例では，群集帯は 9 つのタクソンによって特徴づけられる区間であるが，帯の境界を明確に定義しないと混乱を招く．たとえば「最下限はタクソン a と g の産出最下限で，最上限はタクソン e の産出最上限である」など

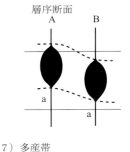

7）多産帯

この例では，帯の下限と上限はタクソン a の豊富さが明瞭に変化する区間である

　　　　t ── 時間面　　　　　　　　　　　特定の層序断面でのタクソンの産出最上限
　　　　-‑‑‑ 化石帯の境界　　　　　　　　　特定の層序断面でのタクソンの産出最下限
　　a～i，x～z タクソン（分類群）

図 4.1　いろいろな化石帯
国際層序区分小委員会，日本地質学会訳（2001）をもとに作成．

多い．一方で，化石を含有する岩石や地層にしか適用できないという難点もある．

　層序の区分には，他にもいくつかの手段がある．磁場極性層序（古地磁気層序）は，残留磁気の極性変化に基づいて岩石を層序単元に区分する手法である．また化学層序は，層序断面における炭素の同位体比変動などの地球化学的な指標によって岩石や地層を同定し対比する．どの区分法を選ぶとしても，それぞれの短所と長所を考慮し，研究対象に合わせて複数の手法を補完的に利用し研究を進めることが望ましい．

国際標準年代層序尺度

　19 世紀前半までに，おもにヨーロッパにおいて層序学的研究が本格的に実践され，上述の岩相層序と生層序の原理を用いて，さまざまな地域の地層がまとめられ，対比され，古い順に積み上げられていった．そのなかで，ある一定の期間に形成されたと考えられる岩石がほかから区別されるようになった．それらのまとまりに固有の名称を与えたものが，カンブリア系（Cambrian）やオルドビス系（Ordovician）など，現在でも使用される年代層序単元である．カンブリア系から第四系（Quaternary）までの「系」の名称のほとんどは，このころに提唱された．

　岩石あるいは地層をその形成年代に基づいて整理し，体系化したものを，**年代層序**という．年代層序区分は，時間という実体のない基準を用いて岩石を区分するが，この区分はこれまでの膨大な数の岩相層序，生層序，その他の層序学的研究の積み重ねから導かれたものである．年代層序の層序単元は，**階，統，系，界，累界**からなる．各単元の境界は年代層準とよばれ，地球上のどこにおいても同じ年代を示す層準である．たとえば岩相境界や生層準は必ずしも時間面とは一致しないため，そのままでは年代層準になり得ないことに注意が必要である．年代層序単元において「階」は最小単元であり，層序学において研究者が最も多

くかかわる単元である．「階」の次に「統」，そして「系」，「界」，「累界」の順に高次の階層になっていく．「系」に認められているカンブリア系から第四系までの名称は，地質学者以外にとっては最も馴染みのある単語であろう．これらの年代層序単元に対応する地質年代単元が**期，世，紀，代，累代**であり，こちらは時間を区分したものである．国際標準年代層序（地質年代）尺度は，このような国際的に共通する層序単元を系統化し，尺度化することを目的として，国際層序委員会により毎年改定を重ねている（vi ページの地質年代区分表）．

　年代層序に限らず，岩相層序や生層序が表すのは，積み重なる岩石や地層のまとまりがほかよりも古いか新しいかという相対的な順序である．これを**相対年代**とよぶ．一方，20 世紀半ばから，岩石や鉱物の放射性同位体年代測定によってだいたい何年前にその岩石や鉱物が形成されたかがわかるようになってきた．これを**数値年代**という．数値年代はおもに火成岩や変成岩において測定可能である．年代層序に用いられる岩石は通常堆積岩であるが，たとえばそれらの岩石や地層の間に溶岩の層が挟まっていると，その溶岩層の放射性同位体年代から，その上下の地層の年代が制約できる．こうして近年では多くの年代層準に数値が与えられ，毎年より精度の高いものへと更新されている．

年代層序の境界模式層

　岩相層序でも生層序でも，層序単元の境界には，その定義のための基準となる模式的な露頭が設定される．これを境界模式層とよぶ．年代層序では，階の年代層準について境界模式層が 1 つずつ認定されており，国際標準年代層序尺度の境界模式層は「**国際境界模式層断面と断面上の地点**」（Global boundary Stratotype Section and Point; **GSSP**）とよばれる．1 つの年代層準は下位の層序単元の上限ならびに上位の層序単元の下限と理論的には一致するが，混乱を避けるため，上位単元の下限年代

層準を，連続する単元どうしの境界として採用している．界や系，統の境界模式層はそれぞれの最下部をなす階の年代層準に準じる．以下に，2019年現在において認定されている界の下限境界模式層を紹介する．

　先カンブリア時代は，地球史46億年の8割以上を占める長い期間であるにもかかわらず，層序学的研究がほとんど進んでいない．この時代の岩石や地層が保存されている地域が地球上に遠く離れて散在しているうえ，生層序に利用できるような豊富な化石が産出しないためである．先カンブリア時代の岩石は現在，古い方から始生（累）界と原生（累）界に分けられている．viページに示すように，原始生界，古始生界，中始生界，新始生界ならびに古原生界，中原生界，新原生界の境界は，数値年代によって暫定的に区切られている．なお46億〜40億年前の岩石は現在のところ見つかっていないため，層序単元の設定は不可能であり，その時代名「冥王代」は非公式な名称である．先カンブリア時代の岩石で年代層序単元が定義されているものは，最上部の新原生界エディアカラ系のみであり，下限模式境界層はオーストラリア南部のエノラマ川岸にある．

　古生界の下限年代層準は，カンブリア系テールヌーヴ統（Terrenuevian）フォーチュン階（Fortunian）の下限年代層準でもあり，境界模式層はカナダのニューファンドランド島フォーチュン・ヘッドにある．この層準は，境界模式層における生痕化石 Trichophycus pedum の産出下限層準に一致する．中生界の下限年代層準は，中国浙江省の煤山（メイシャン）に境界模式層を置く三畳系下部統インダス階（Induan）の下限年代層準である．境界模式層における本年代層準は，絶滅動物であるコノドントの一種 Hindeodus parvus の下限産出層群に一致する．新生界の下限年代層準は古第三系暁新統（Paleocene）ダン階（Danian）の下限年代層準に相当する．境界模式層はチュニジアのエルケフにあり，年代層準は本模式層においてイリジウムの

異常濃集が見られる層準と定められている．

（3）生物進化の概観

始生（累）代：最古の生命の痕跡

　第Ⅰ部で地球上に海洋が存在するための条件を述べたが，実際に海洋は何億年前に形成されたのだろうか．最古の記録は38億年前まで遡ることができる．現在地球上で最古の岩石とされているものはグリーンランドのイスアに分布する表成岩であり，これには礫岩やタービダイトなどの砕屑岩を原岩とする片岩や枕状溶岩が含まれる．このような堆積岩は海洋で形成されるので，これが海洋の存在した証拠とされている．

　さて，このイスアの岩石はもう一つ重要な研究対象を含んでいる．最古の生命の痕跡である．生物は周囲の環境から炭素を取り込む際，^{12}C を優先的に利用するため，生物のもつ炭素の安定同位体比（$^{13}C/^{12}C$）は非生物由来の物質に比べて軽くなる．イスアの岩石には石墨が含まれるが，その $^{13}C/^{12}C$ が低いことから，この石墨が生物によって生成された物質である証拠とされている．この研究が発表されてから生命の痕跡としての妥当性が長く議論されてきたが，現在のところ少なくともそのような石墨の一部はたしかに生物起源の炭素であることが認められている．

　生物の体化石としては，オーストラリアのピルバラ地域から発見された約35億年前の細胞様の構造体が最古のものと考えられている．ほかにも始生代の岩石からはこのような"細胞化石"が複数報告されており，これらの化石は通常幅0.5〜10 μm 程度の糸状体や球状体で，生物の細胞やある種のバクテリアのような形状に見える．多くはオーストラリアや南アフリカなどの古い大陸地殻からなる地域で報告されている．これらの化石の真偽については議論が続いているものの，始生代にはすでに単細胞生物が地球上に繁栄しはじめていたことを窺わせる．

　では生命はどのように地球上に誕生したのだろ

うか．一般的に，単純な物質からアミノ酸や核酸塩基などの有機分子が形成され，さらにそれらの重合反応によって生体高分子が合成されて，最終的に生物の細胞が生まれたと考えられている．このような，細胞を構成する部品が前もってつくられ蓄積していく段階を化学進化とよぶ．現在のところ，生物が生まれた場所の候補は大きく 2 つ想定されている．一つは海底熱水噴出孔，もう一つは宇宙空間である．

原生（累）代：ストロマトライトと縞状鉄鉱層

藍色細菌（シアノバクテリア）は真正細菌の一種であり，酸素発生型光合成を行う．このバクテリアがつくるバイオフィルムと，堆積物が交互に層を成したドーム状の構造体は，ストロマトライトとして知られている．ストロマトライト（あるいはこれに類似の構造）は地球史のあらゆる時代にみられ，始生代のものの大半は形成者が未確定であるが，27 億年前ころには藍色細菌がつくる真のストロマトライトが出現していたようである．この藍色細菌の出現は，その後の地球環境と生物進化の道筋に大きな影響を及ぼした．

炭素や硫黄の安定同位体の研究によると，23 億年前に大気の酸素分圧が急激に増加したことがわかっている．このイベントを大酸化事変とよぶ．これと前後して 25 億〜18 億年前ごろ，当時の海洋において縞状鉄鉱層が厚く堆積した．これは，藍色細菌が生成した酸素によって海水中に溶存していた二価鉄が酸化し，沈殿した結果と考えられている．海洋中の鉄イオンをある程度使い果たした酸素はその後大気中に放出され，大酸化事変を引き起こした．現在，人類の重要な鉱産資源となっている鉄およびウラン鉱床からも，この時期の海洋および大気における環境変動が読み取れる（第 V 部）．

原生（累）代：真核生物の誕生と進化

地球上の生物は，真正細菌（バクテリア），古細菌（アーキア），真核生物（ユーカリア）の 3 つの領域（ドメイン）に分けられる．たとえば，真正細菌には藍色細菌や大腸菌などよく知られた細菌（バクテリア）が含まれ，また共生によって真核生物の葉緑体やミトコンドリアとなった原核生物はもともと真正細菌に含まれるバクテリアである．また古細菌は高度好塩菌や好熱好酸菌，メタン生成菌，超好熱菌など，極限環境を好む細菌を多く含む．

一方，真核生物はこれらの原核生物とまったく異なり，核膜に包まれた細胞核，同じく膜に包まれた各種の細胞小器官，細胞骨格など，複雑な細胞構造を有する．真核生物の誕生の経緯については現在も盛んに議論が行われており，その時期についてもいまだ結論は出ていない．しかしすべての現生真核生物は好気性のミトコンドリアをもつ，または過去にこれをもっていたことが明らかになっていることから，大酸化事変が酸素呼吸を行う真核生物の誕生あるいは多様化を可能にしたことは間違いないだろう．

実際の化石記録として真核生物が出現するのは，約 19 億年前，原生代の中ごろである．*Grypania*（グリパニア）は螺旋状に巻いた線状体の化石で，螺旋の大きさが数 cm に達する．このような細胞の大型化は，エネルギー効率のよい酸素呼吸を行い，多数の細胞小器官を詰め込み，その巨大な細胞を保持することのできる，真核生物の特徴である．約 17 億年前の岩石から産するアクリタークも最古の真核生物化石の一つである．アクリタークは有機質の殻をもつ中空の微化石で，分類学上の位置は不明であるが，多系統の真核藻類の嚢子であると考えられている．

真核生物は単細胞の段階で飛躍的に多様化し，そのなかのいくつかの系統で多細胞生物を生み出した．この多細胞化は，菌類，動物，緑色植物，紅色植物など複数の系統で独立に起こったようである．約 12 億年前の岩石からは，多細胞生物である紅藻類の最古の化石が産出している．先カン

ブリア時代で最も有名な多細胞生物は，新原生界最上部のエディアカラ系から産出する**エディアカラ生物群**（約5億7,000万〜5億4,000万年前）であろう．この化石群は，円盤状，放射状，紡錘形，葉状など多様な形態をもつ数cm以上の大型生物の印象化石からなり，それまでの時代の化石に比べ，はるかに巨大かつ複雑な体制を備えている．生物群の名称は最初に化石が発見されたオーストラリアのエディアカラ丘陵にちなむが，類似の化石群は今や世界各地から見つかっている．現生動物に類似した形態も含まれるが真偽については定かでなく，分類学的位置はいまだにはっきりしない．このような大型多細胞生物の出現を引き起こした要因は明らかになっていないものの，新原生代にはいくつかの大きな環境変動が起こっている．約8億〜6億年前には，原生代二度目の大気酸素分圧の急増があった．また約7億年前のスターチアン氷河期，約6億3,000万年前のマリノアン氷河期および約5億8,000万年前のガスキアス氷河期の三度の氷河期があり，うち前者2つは全球凍結と考えられている．因果関係は不明だが，これらの大変動は生物進化になんらかの影響を与えたはずである．

一方，多細胞動物（後生動物）の出現もほぼ同時期に起こったと考えられている．現在のところ最古の後生動物化石とされているものは，オーストラリアの約6億5,000万年前の石灰岩−砕屑岩互層から産する海綿化石である．また中国の陡山沱層に含まれる5億8,000万年前のリン酸塩岩層からは後生動物の"胚化石"が産出する．この化石は卵割の様子を保存しているとされるが，分裂期の原生生物化石であるとする説もあり，論争が続いている．

先カンブリア時代の最末期，5億5,000万年前ごろの岩石からは，明確な硬組織の化石が産出し始める．**小有殻化石群**（small shelly fossils; **SSF**）とよばれるこれらの化石は，1〜数mm程度の小さな殻状や円錐状，管状を呈し，二酸化ケイ素，

リン酸カルシウム，炭酸カルシウムなどさまざまな成分で構成される．いずれも海綿動物，軟体動物，腕足動物，有爪動物などの動物の骨格の一部と考えられ，**生体鉱化作用**（バイオミネラリゼーション）の最初の例として知られている．

顕生（累）代：カンブリア紀の爆発

エディアカラ生物群は新原生代の終わりまでにほぼ絶滅し，遅くともカンブリア紀テルヌーヴ世の間に完全に姿を消した．顕生界の始まりは，カンブリア系の下限年代層準を定義する生痕化石と，エディアカラ系から引き続き産出する小有殻化石群によって特徴づけられる．よく知られているカンブリア紀動物化石の"爆発的な進化"は，カンブリア紀第二世（名称未確定）における澄江（チェンジャン）動物群やシリウス・パセット動物群，そしてカンブリア紀三番目の苗嶺世（ミャオリン）（Miaolingian）に起こったバージェス動物群の出現を指したものである．これらの化石群は，節足動物を始めとするほぼすべての現生動物門に分類されるさまざまな化石から構成され，まとめて**バージェス頁岩型動物群**とよばれている．この動物群は，骨格だけでなく通常は化石に残らない軟体部や壊れやすい硬組織などを含んでいて，この出現イベントが単なる"動物の硬組織が急激に多様化した現象"ではなく，現生動物門を構成する多様なボディプランと，捕食被食関係や生活様式などの生態的地位が短期間でいっせいに成立した真の"爆発的進化"であったことを示している．このイベントを**カンブリア紀の爆発**とよぶ．

カンブリア紀の爆発の要因は何だろうか．これまでに，非生物的・生物的両方の要因が提唱されてきた．たとえば非生物的要因として，先カンブリア時代何度目かの大気酸素分圧の上昇，超大陸分裂と海水準上昇による浅海域の拡大や生息域の複雑化，あるいは原生代末に起こった全球凍結の解消にその原因を求める説もある．生物学的要因の候補には，エディアカラ生物群絶滅による生態

的地位の増大，捕食者の出現による軍拡競争の発生や眼の進化などが含まれる．現時点ではまだ，具体的なシナリオは描かれていない．

　しかし敢えて1つの要因を選ぶなら，このなかで形態形質多様化の強力な駆動力となり得るものは，捕食被食関係の成立による軍拡競争であろう．ただしその時，上述の非生物的要因に挙げた環境設定は必要な条件だったはずである．またボディプランの成立に必要な遺伝子内の多様性もこの時期までにすでに揃っていたとすれば，カンブリア紀において後生動物は，軍拡競争という発端によって，満を持して進化を加速させたのではないだろうか．残された問題は，捕食者を誕生させた要因ということになるかもしれない．

顕生（累）代の大進化

　カンブリア紀以降，多くの動物・植物の種が出現と絶滅を繰り返してきた．一説によれば，カンブリア紀以降地球上に生息していた動植物種の延べ数は，現生動植物種の数の300倍にのぼる．これらの生物の進化には，どのような傾向がみられるだろうか．地質時代を通じた後生動物の**大進化**（種以上のレベルの生物多様性の変遷）を以下で俯瞰する．

　5億4,100万年にわたる顕生代において，後生動物の多様性がどのように変遷してきたのかを探るためには，踏まえておきたいいくつかの注意点がある．一つは，化石記録の不完全性である．生物がさまざまな過程を経て化石となるまでにはいくつもの条件があるため，化石として保存される個体は実際生息していた生物のうちのほんのわずかに過ぎない．その少なさは時代や分類群によってもばらつきがあり，また化石記録を系ごとに合計すると，化石の数は各系の堆積岩露頭の総面積に相関することが示されている．ほかにも，目につきやすい大きな化石や分類形質の多い形態，あるいは豊富な現生分類群と対比され得る新しい時代の種では多様性が高くなる傾向があり，このよ

うな人為的な要因による記録の偏りがあることにも注意が必要である．

　2つ目は化石の同定の問題である．現在，種の認定には多くの方法が提唱されており，現生後生動物に限れば，最も一般的に用いられるのはマイヤーの生物学的種概念であろう．一方化石では形態のみで種を区別しなくてはならない．生物学的種概念は適用できないため，古生物学の分野では形態学的，進化学的あるいは系統学的種概念が用いられている．さらに，種よりも上位の分類階級については統一的な基準がなく，分類群あるいは研究者によって定義が異なる．多様性の変遷を考える時は，これらの分類基準の違いを念頭に置かなければならない．

　以上の点を考慮すると，海生動物で硬組織をもつものは化石として保存されやすく，また個体数が多いため分類の問題も比較的よく検討されているといえる．そのため，これまでの大進化に関する議論はおもに海生の後生動物化石を用いて試みられてきた．そのような研究のなかで最もよく知られているのは，セプコスキーの図であろう（図4.2）．彼はそれまでに記載されていた海生後生動物の91綱2,800科の消長をまとめ，そのデータについてQモード因子分析を行った．この多変量解析は，分類群のデータセットという変数に対して，それらの示す変動パターンごとに分類群どうしの関連を調べ，データセットをより少数のグループにまとめるものである．分析の結果，一見別々に見える各分類群のデータセットの90%は3つの群集に整理されることがわかった．この群集は，カンブリア紀型，古生代型および現代型群集とよばれる．セプコスキーによれば，カンブリア紀型群集は三葉虫類や無関節腕足動物を含み，カンブリア紀に急速に多様化してその後衰退した．古生代型群集は腕足動物や棘皮動物によって特徴づけられ，オルドビス紀に多様性を劇的に増加させて古生代の終わりまで平衡状態を維持するが，古生代末に激減する．現代型群集は腹足類や二枚貝類を

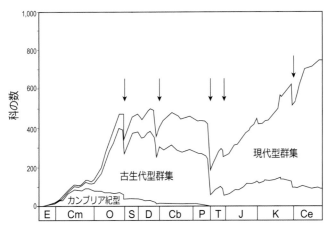

図 4.2　顕生代における海生後生動物の
多様性変遷と 3 つの群集
Sepkoski（1984）をもとに作成.
矢印は大量絶滅事変を示す.
E：エディアカラ紀，Cm：カンブリア紀，
O：オルドビス紀，S：シルル紀，D：デボン紀，
Cb：石炭紀，P：ペルム紀，T：三畳紀，
J：ジュラ紀，K：白亜紀，Ce：新生代.

含む軟体動物などからなり，古生代の間に徐々に
多様性を増し，中生代の初めから支配的な動物群
となって現在に至る．このような研究は，データ
の偏りや分類の問題を内包しているものの，海生
動物の大進化の概容を示し，多くの示唆を与えて
くれるため，現在でも広く引用されている.

適応放散と大量絶滅

　適応放散とは，ある系統が形態的・生態的多様
性を急速に増加させ，さまざまな環境や生活様式
へ適応していく現象のことである．具体的には生
物が新たな形質を獲得した時，あるいは生物とっ
て新たな環境が提供された時に，新しい生態的地
位が利用可能となり適応放散が起こる．新たに形
成された湖で爆発的に種が多様化した淡水魚や，
絶海の孤島で起こる動植物の放散が好例である.
　図 4.2 のカンブリア紀における科の急増は，後
生動物最初の適応放散であり，カンブリア紀の爆
発を示している．後生動物はボディプランの多様
化を促す新たな発生システムをこの時までに備え
ていたと考えられ，新たな形質としてさまざまな

形態を発現させることができた．その進化を加速
させたのはおそらく捕食被食関係の成立である.
酸素分圧の上昇や浅海域の増大は，新たに提供さ
れた環境ということができる．カンブリア紀にお
いて後生動物は，こうして未開拓だったあらゆる
生態的地位へ放散したと考えられる.
　中生代の初めにも大規模な海生動物の放散が見
られる．この現象はおもに現代型動物群の適応放
散と考えることができる．すなわち，古生代末に
古生代型群集がいっせいに絶滅し，空白となった
生態的地位を埋めるように現代型群集が急速に進
化した．これ以外にも顕生代の大進化を概観する
と，デボン紀における昆虫類の放散や魚類の放散，
白亜紀における被子植物の放散，新生代における
哺乳類の放散など，大きな変化を複数捉えること
ができる．またオーストラリアでの有袋類の放散
など，より限定的なイベントを含めると，さまざ
まな系統でさまざまな規模の適応放散が無数に起
きていることになる.
　適応放散の直前には，しばしば**大量絶滅**が発生
する．大量絶滅とは，通常のペースで起こる背景
絶滅から有意に逸脱した短期間かつ大規模な絶滅
のことを指す．生物種はつねに出現と絶滅を繰り
返しており，種の出現率や絶滅率は，単位時間ご
との種の数の変化として表される．単位時間は，
数値年代を用いて「100 万年あたり」などとして
もよいし，1 つずつの期で考えてもよい．ただし
後者の場合は，期の長さが一定でないことに注意
が必要である．大量絶滅の基準とは，このように
して表した背景絶滅から十分に逸脱した絶滅率で
あること，複数の高次分類群にわたって絶滅が起
こっていること，一度の絶滅事変の期間が短いこ
と（100 万〜1,000 万年間，あるいは 1 〜 2 期）で
ある.
　顕生代を通じた海生後生動物の科の絶滅率を集
計すると，5 回の大きな絶滅が起こっていること
がわかる．オルドビス紀末，デボン紀後期，ペル
ム紀末，三畳紀末，そして白亜紀末の絶滅事変で

ある（図4.2）．このなかで，ペルム紀末と白亜紀末の絶滅現象はそれぞれ古生代−中生代境界と中生代−新生代境界で起こっている．古生代（界），中生代（界），新生代（界）という名称は19世紀前半にすでに提唱されており，これらは古い生物・中間的な生物・新しい生物の時代という意味であるが，大量絶滅という概念が根づく以前から生物群集の大きな入れ替わりが認識されていたことになる．5回の大量絶滅事変は顕生代のビッグ5とよばれ，その原因について現在も盛んに議論が行われている．

　上記の大量絶滅のメカニズムのうち，現在のところ有力な説とされているものを紹介しておく．オルドビス紀末の絶滅は海生動物が最初に直面した大量絶滅事変であり，約86％の種が消滅したとされる．このイベントについては早くから大陸氷床の発達との関連が示唆されており，この時期ゴンドワナ大陸上に突如現れた大陸氷床の引き起こす寒冷化に原因を求める考えが主流である．しかし，氷床の出現を引き起こした要因など，未解決の問題も多い．デボン紀後期の大量絶滅では，約75％の種が絶滅したと考えられている．このイベントは正確には後期デボン紀のフラーヌ期（Frasnian）とファメーヌ期（Famennian）の境界で起こっており，その原因については長らく意見の一致が見られていない．陸上植物の放散に端を発する環境変動，たとえば全球的な寒冷化とその後の温暖化を想定する説や，海洋深層の無酸素化を推す意見もある．天体衝突の証拠も挙げられて

いるが，その時期や規模は確証が得られていない．

　ペルム紀末の絶滅は種の96％が地球上から姿を消した顕生代最大の絶滅事変といわれている．実際には，ペルム紀グアダルーペ世（Guadalupian）と楽平世（Lopingian）の境界（GL境界）およびペルム紀と三畳紀の境界（PT境界）の二度の独立した絶滅事件からなる．それぞれ，南中国とシベリアで噴出した洪水玄武岩をきっかけとした環境変動が示唆されており，たとえば極度の温暖化，海洋無酸素水塊の拡大，海洋酸性化など，さまざまな原因が提案されている．続く三畳紀末にも，約80％の種が一掃される絶滅事変が起こっている．こちらも極度の温暖化に原因を求める説が提唱されているが，いまだ定説とはなっていない．種の約76％を消滅させた白亜紀末の絶滅事変は，メキシコ・ユカタン半島への天体衝突によるとする説がよく知られている．しかし天体衝突と生物の絶滅との正確なタイミングの比較など，検討を要する問題は多い．

　大量絶滅の議論は，その原因について上述した以外にもきわめて多くの説を蓄積してきた．絶滅のタイミングで起こったさまざまなイベントを列挙することは，一次データの提示という点で重要であるが，物事が同時に起こることは必ずしも因果性とは結びつかない．自然科学の基本は，仮説を立て，それを論証あるいは反証することである．大量絶滅に関する研究は，これまでに挙げられたさまざまな説を整理し，検証する段階に入ったところである．

第5章　堆積物と堆積岩

（1）遠洋性堆積物

　陸から遠くはなれた遠洋域には，河川や沿岸域から供給される砂や泥はほとんど届かない．陸源性の砕屑物としては，黄砂や火山灰のように大気中に巻きあげられた細かい粒子が風にのって飛来

するものだけが認められる．一方，海の中ではさまざまなプランクトンが繁殖し，その死骸はマリンスノーのように海中を沈んでゆく．プランクトンのなかには鉱物質の殻をつくるものがあって，その遺骸が海底に降り積もって堆積物がたまって

ゆく．海洋底の 90%には，このようしてできた**遠洋性堆積物**（pelagic sediment）が広がっている（図5.1）．海洋は地球表面の 3 分の 2 を占めているから，海水を取り除けば地球表面の 6 割は遠洋性堆積物によって覆われていることになる．そのため，地球規模の海洋変動や地質現象の研究にとって，それは欠かすことのできない研究材料となっている．

　まず遠洋性堆積物とは，陸地から遠く離れた場所に堆積する，粗粒な陸源性砕屑物をほとんど含まない堆積物のことであり，**軟泥**<ruby>軟泥<rt>なんでい</rt></ruby>と**遠洋性粘土**に大別される．軟泥とは微小なプランクトンの遺骸を 30%以上の割合で含む，文字通りやわらかい泥状の細粒な堆積物をさし，主要成分によって<ruby>石灰質軟泥<rt>かいしつなんでい</rt></ruby>と<ruby>珪質<rt>けいしつ</rt></ruby>軟泥に分けられる．遠洋性堆積物と陸源性堆積物の中間的な性質の堆積物は半遠洋性堆積物とよばれ，陸起源のシルトと粘土や海洋生物起源の有機物の含有量が多くなる．深海堆積物はおよそ 500 m 以深にたまった堆積物をいい，遠洋性堆積物と半遠洋性堆積物の両方を含む．以

下，石灰質軟泥，珪質軟泥，遠洋性粘土の 3 種類に分けて説明するが，実際にはこれらの中間的な性質の堆積物も存在する．

石灰質軟泥

　炭酸カルシウム（$CaCO_3$）を 30%以上の割合で含む，一般に白色～乳白色をした軟泥である．<ruby>浮遊性有孔虫<rt>ゆうせいゆうこうちゅう</rt></ruby>，円石藻（石灰質ナンノプランクトン），<ruby>翼足類<rt>よくそくるい</rt></ruby>といった石灰質プランクトンの殻が降り積もってできる．それらのうち浮遊性有孔虫が主成分のものはグロビゲリナ軟泥，円石藻が主成分のものはコッコリス軟泥，翼足類が主成分のものは翼足類軟泥とよび分けられる．コッコリス軟泥は数ミクロンサイズの粒子からなるので粘土のような手触りがするが，浮遊性有孔虫の殻の大きさはシルト～細粒砂サイズであるため，グロビゲリナ軟泥は指先でつまんでこするとザラザラした手触りがする．翼足類軟泥はもっと大きい数ミリの殻からなる．石灰質軟泥は通常 1,000 年に 1 ~ 2 cm

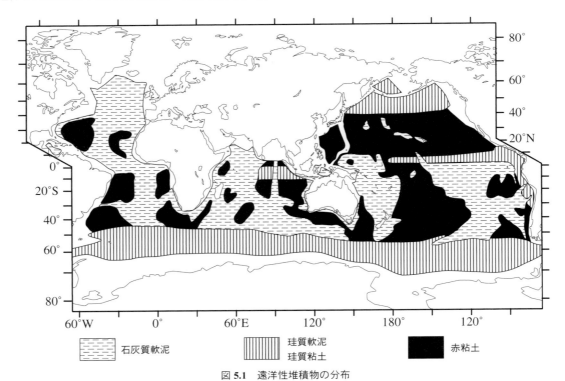

図 **5.1**　遠洋性堆積物の分布
リシチン（1984）に基づいて作成.

程度の割合でたまってゆく.

海洋表層部の海水は炭酸カルシウムが過剰に溶けている過飽和な状態にあるため, 生物によっていったんつくられた殻は容易には溶けない. しかし, 図 5.1 をみると, 現在の海底の半分を石灰質軟泥が覆っているとはいえ, あと半分は石灰質分に乏しい堆積物からなる. 石灰質プランクトンはほぼ全海洋に棲息しているので, もっと均質になってもよさそうな感じがするが, 実際にはそうなっていない. その理由は, かなり深い海域では, 石灰質の殻は沈降中に, あるいは海底に達してからどんどん溶けてしまうためである. とくに海洋の深層ほど二酸化炭素 (CO_2) の濃度が上がり, 温度は低下して, 水圧は高くなる. これらはみな炭酸カルシウムの溶解を促進させる.

そして, ある深さで炭酸カルシウムが海洋表層から沈んでくる速度 (単位時間当たりの沈降量) と, 溶けてゆく速度 (単位時間当たりの溶解量) がちょうどつり合うようになる. これを**炭酸塩補償深度** (carbonate compensation depth：CCD) とよぶ. 炭酸カルシウムがまったく堆積しなくなる深さといいかえてもよい. だから, 石灰質軟泥は CCD よりも浅い海底に形成されやすく, CCD より深い海底にはできない. 図 5.1 をみると, 石灰質軟泥の主要分布域は海嶺や海膨, 海山や海台の上となっている. 翼足類の殻は同じ $CaCO_3$ でも結晶構造の異なるあられ石からなるため, 浮遊性有孔虫や円石藻の方解石の殻よりもずっと溶解しやすい. そのため, 翼足類軟泥はより浅い海底にしかたまらない. CCD は大西洋で水深約 5,500 m で, 太平洋ではそれより 1,000 m ほど浅い. そのため大西洋では石灰質軟泥ができやすく, 太平洋ではできにくい.

円石藻と浮遊性有孔虫の出現はそれぞれ三畳紀とジュラ紀であるため, 石灰質軟泥の歴史は比較的短く, 中生代中期以降の 1 億 5,000 万年間程度である. 石灰質軟泥が脱水固化するとチョークや遠洋性石灰岩になる.

以上をまとめると, 石灰質軟泥の形成は海中での溶解によって支配され, 堆積場の水深が CCD を超えるかどうかが重要な鍵になっている.

珪質軟泥

生物源の珪酸 (SiO_2), 別名オパールシリカを 30 % 以上の割合で含む軟泥である. 純度が高ければ白色を呈し, 粘土分が多いと緑味を帯びる. 海洋面積の 15 % を占める. 珪藻, 放散虫, 珪質鞭毛藻といった珪質プランクトンの殻が堆積してできる. それらのうち珪藻を主とするものは珪藻軟泥, 放散虫を主とするものは放散虫軟泥とよばれる. いずれもシルト〜細粒砂サイズの殻からなるため, 指先でつまんでこするとザラザラした感触がする. 珪藻軟泥の堆積速度は 1,000 年に数 cm であり, 速いところで 10 cm に達する. 放散虫軟泥の堆積速度は 1,000 年あたり数 mm 程度である.

珪酸は地球上に最もありふれた物質の 1 つであり, 河川と中央海嶺からつねに海水へ供給されている. 珪質プランクトンはそれを利用して殻をつくり, 死後その殻は海底へ沈むが, 海水の珪酸濃度は低いため, ほうっておけば再びすべて海水に溶けてしまう. そのため, 珪質軟泥がたまるためには, 溶けきるより早く埋まっていかなければいけない. 実際には海底に降ってきたオパールシリカの 90 % 以上は溶けてしまい, 数 % が溶け残るにすぎない. 海水中の珪酸濃度は表層ほど低いため, 湧昇流によって豊富な栄養塩がもたらされる海域では珪質プランクトンが繁殖し, 珪質軟泥も堆積しやすい. 海水は珪酸に不飽和であるが, 珪酸の溶解速度は比較的ゆっくりしていること, および炭酸カルシウムのように深さによって劇的に変わることがないため, 珪質軟泥の形成は水深の影響をあまり受けない.

珪藻は白亜紀には出現していたとされるが, 珪藻軟泥が広く堆積するようになったのは, 珪藻が繁栄を始めた始新世後期 (約 4,000 万年前) 以降である. 珪藻質軟泥が脱水して固結すると, 珪藻土とか珪藻質泥岩とよばれる岩石になる. 中・古

生代の地層に含まれるチャートや放散虫岩とよばれる硬い岩石は放散虫化石を豊富に含むが，これらの岩石はもとは遠洋で堆積した放散虫軟泥であったと考えられている．

　以上をまとめると，珪質軟泥の形成は海洋表層の生物生産の活発さに強く関係している．とくに後述する湧昇帯では堆積しやすい．珪酸の溶解速度は深さであまり変わらないが，炭酸カルシウムが溶けてしまう CCD 以深の海底では相対的に珪質プランクトン殻の割合が高くなるので，間接的に水深の影響も受ける．

遠洋性粘土

　遠洋性粘土は深層水に含まれる酸素により酸化されて赤茶色をしているため，赤粘土とか褐色粘土ともよばれる．モンモリロナイト，イライト，緑泥石，カオリナイトなどの粘土鉱物よりなる，生物源物質の含有率が 30 ％以下の遠洋性堆積物のことである．そのほか少量の岩石源鉱物や自生鉱物を含む．これらの粘土鉱物の多くは大陸から遠く風に運ばれてきた風成塵である．同様の粘土

鉱物は多かれ少なかれ石灰質軟泥や珪質軟泥にも含まれているが，その量は生物源粒子に比べて圧倒的に少ない．つまり，遠洋性粘土というのは，粘土がたくさん堆積することによりできたものではなく，生物源粒子がほとんどあるいはすべて溶けさってしまったあとの残りものからなっている．そのためその堆積はとても遅く，1,000 年に 1〜2 mm 以下の割合である．

　遠洋性粘土は珪質軟泥も石灰質軟泥も堆積しない海底，つまり，生物生産の活発でない海域で，しかも CCD よりも深い海底に分布する．とくに太平洋の深海盆に広がっている（図 5.1）．

海洋大循環と遠洋性堆積物

　黒潮や湾流といった海洋表層の海流系は，風の力で生じるため**風成循環**とよばれる．海水の動きの原因にはもう 1 つ**熱塩循環**があり，密度の差によって海水の上下運動がおきる．グリーンランドに近い北大西洋北部では，冷たい大気に冷やされて密度が高くなった海水が深層へと沈み込んでいる．沈降した海水は**北大西洋深層水**となって南へ

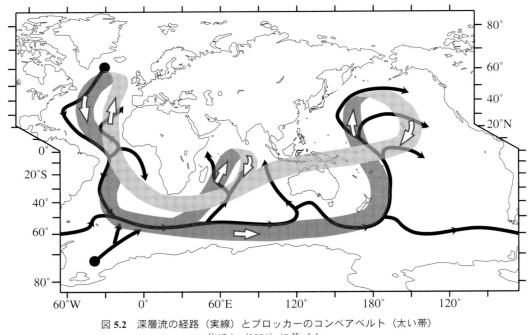

図 **5.2**　深層流の経路（実線）とブロッカーのコンベアベルト（太い帯）
住ほか（1996）に基づく．

流れ，南極のウェッデル海で冷やされて沈み込んだ水と合流して，**南極底層水**を形成し，南極周辺を東へ向けて流れてゆく．その一部は分岐してインド洋を北上するが，残りは北太平洋に達して上昇する．上昇した海水は今度は表層の海流系にのって再び北大西洋へと戻ってゆく．このような大規模な海水の循環像は，ブロッカーのコンベアベルトとよばれている（図5.2）．深層水の水温は2℃程度であり，北大西洋で沈み込んでから北太平洋に達するまでに1,000〜2,000年かかるといわれている．

さて，このような海洋大循環は遠洋性堆積物にも大きな影響を及ぼしている．というのも，1,000年以上もかけて流れるうちに底層水の性質が徐々に変わってゆくからである（図5.3）．沈み込んで間もない頃は二酸化炭素をあまり含んでいないが，海底面上を流れるうちに海底堆積物中の有機物の分解により生じた二酸化炭素を取り込んでゆく．二酸化炭素には炭酸カルシウムを溶解させるはたらきがあるので，結果的に大西洋に比べて太平洋ではCCDが浅くなって，石灰質軟泥が堆積しにくくなる．インド洋は中間的な状態になる．また，有機物の分解により底層水には栄養塩も蓄積されてゆく．そして北太平洋では，栄養塩豊富な海水が表層へと湧昇するため，生物生産性が高くなる．そうすると，珪質軟泥が形成されやすく

なる．こうして，大西洋では石灰質軟泥が卓越し，太平洋では珪質軟泥や遠洋性粘土の割合が大きくなるのである．

湧昇流と遠洋性堆積物

湧昇流（ゆうしょうりゅう）には，海洋大循環により北太平洋全体で底層水が湧昇するもの以外に，比較的浅い部分で起こる局所的なものもある．湧昇流の発生域である湧昇帯には，赤道湧昇帯と沿岸湧昇帯があり，前者は太平洋，インド洋，大西洋の赤道発散帯にみられる．後者はカリフォルニア沿岸，ペルー沿岸，ナミビア沿岸などにみられる．図5.1の珪質軟泥の分布域はこれらの湧昇帯に一致している．湧昇帯では生物生産が活発で堆積物がどんどん積もる．とくに沿岸湧昇帯では有機物もたくさん積もる．有機物に富む堆積物は間隙水（かんげきすい）の酸性度が上がるため炭酸カルシウムが溶けやすくなる．そのため，湧昇帯には，珪質プランクトンの殻や有機物に富む堆積物が形成される．

（2）陸源性堆積岩

堆積岩はその構成成分によって，陸源性，生物源，火山砕屑性の3種類に区分することができる．陸源性堆積岩は河川から運搬された礫，砂，泥の陸源性堆積物が固化したものである．

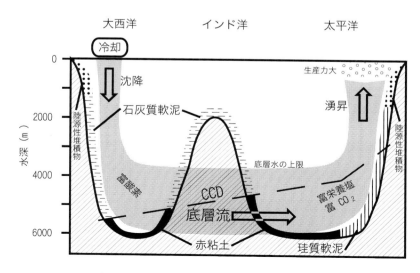

図 **5.3**　海洋の深層循環，炭酸塩補償深度（**CCD**）および遠洋性堆積物の関係を示す概念図

陸源性堆積岩

風化・侵食作用で生産された砕屑物は河川で運搬され，河口付近に三角州をつくる（図5.4）．砕屑物は，その大きさで，2 mm 以上は礫，2～0.063 mm は砂，0.063 mm 以下は泥とよばれている．一般に河川では山間地の上流では大きな礫，平野部や河口近くの下流では小さな礫や砂が目立つ．この粒径のちがいは，①分級作用によるものと，②破砕・摩耗作用によるものがある．①では，大雨などによる洪水で，あらゆる粒径の砕屑物が一度に下流へ運搬され，流速の衰えとともにより上流側でより大きな礫が堆積するであろう．一方②では，上流の大きな礫が洪水時の著しい運搬作用により移動する際，礫同士が激しくぶつかり合い，破砕・磨耗し細粒化するであろう．いずれの作用が効果的か，流量によって決まるようであるが，詳細はわかっていない．

海岸から一般に数十 km にわたって，水深百数十 m の大陸棚が広がっている（図5.4）．大陸棚の外縁は，日本列島近海では水深約 140 m である．

図 5.4　砂質堆積物の堆積環境

大陸棚の形成は，新第三紀鮮新世や第四紀に海水準（海水面）が低下し，陸域となった地域が再び海域になったことと関係している．かつて氷期に海水準が低かったとき，河川は現在の海岸線よりもさらに沖合いまで延び，現在の大陸棚に砂や礫などの粗粒堆積物を運搬・堆積させた．

砂質堆積物はさらに深海に広がり，陸上の供給源から深海にかけてさまざまな堆積環境が存在する．扇状地，沖積平野，砂漠，湖，氷河，三角州，海浜，沿岸砂州，大陸棚，大陸斜面，コンチネンタルライズ，深海平原などである（図5.4）．それでは，大陸棚よりも深いところに見出される粗粒堆積物は，どのように運搬・堆積したのだろうか．その役目を担ったのが，混濁流（乱泥流ともいう）である．

混濁流は，砕屑物を浅い水域から深い水域に運搬・堆積する流れのことで，一般には，地震や過荷重による斜面の崩壊や，洪水による堆積物の流入（ハイパーピクナルフロー）などに伴って生ずることが知られている．混濁流はとくに大陸棚から大陸斜面にかけて頻繁に発生する．混濁流が大陸斜面を流下する通路が海底谷である．房総半島沖合いの片貝海底谷や天竜川延長の天竜海底谷が有名である．海底谷を流下する混濁流で，砕屑物が流体中に留まる機構は，細粒堆積物を主とする低濃度混濁流の場合には，乱流による懸濁作用が主であるが，粗粒堆積物を主とする高濃度混濁流の場合には，乱流のほかに粒子間相互作用が重要とされている．巨大な混濁流の場合，その運搬距離は数百 km，その時速は 100 km 近くに達するといわれている．

海底谷を流下した混濁流は深海平原に達すると，その速度が衰え，流体中に保持していた砕屑性堆積物を海底谷の出口付近に落とすことになる．しかもこれを頻繁に繰り返すことで，特徴的な地形を出口付近につくりだすことになる．これが海底扇状地である（図5.4）．混濁流によって運搬されていた砕屑物が，深海平原の平坦面で流れ

図 5.5　タービダイトの露頭写真
イタリア，アペニン山脈.

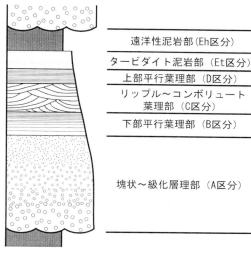

図 5.6　バウマシーケンス

の運搬能力を失い堆積した地層を**タービダイト**（混濁流堆積物）という．タービダイトは礫岩層，砂岩層，泥岩層の繰り返しからなる（図 5.5）．懸濁状態から堆積を示す級化構造（単層内で基底部の粗粒から上方に向かってしだいに細粒に変化する構造）がその特徴で，典型的なタービダイトは，バウマシーケンスとよばれる堆積構造をもつ（図 5.6）．バウマシーケンスは，下位から塊状もしくは級化層理部（A 区分という），下部平行葉理部（B 区分），リップルもしくはコンボリュート葉理部（C 区分），上部平行葉理部（D 区分），泥岩部（E 区分）からなる．泥岩部は，混濁流が運搬してきた懸濁物が堆積したタービダイト泥岩（Et 区分）に，混濁流と無関係の有機物に富んだ遠洋性泥岩（Eh 区分）が重なることがある．しかし，露頭で観察されるタービダイトはこの理想的な積み重なりの一部（たとえば A 区分と B 区分のみ）であることが多い．このバウマシーケンスは，混濁流の運搬能力の低下に伴い，懸濁運搬堆積物が減少し，床運搬堆積物（掃流砂礫のことで，転動，滑動，跳躍状態で運搬される）が増加したことを示している．

　海底扇状地では，そのチャンネル（流路）内に厚い砂岩層からなるタービダイトが，チャンネルを規制する自然堤防に砂岩層と泥岩層の繰り返しからなるタービダイトが，チャンネルから離れた外側に厚い泥岩からなるタービダイトが堆積する．

陸源性堆積岩の岩石学

　砕屑物の岩相を調べることで，砕屑物が生じた場所（**後背地**という）の岩相などの情報を得ることができる（保柳ほか，2004）．このような研究を後背地研究という．

　礫岩は礫とその間を充填する基質からなる．礫は通常円礫であるが，角礫の場合もある．角礫からなる礫岩を角礫岩という．礫が専ら数種類からなる礫岩を単成礫岩，多種からなる礫岩を複成礫岩という．また，礫と礫が接しているような状態を礫支持，離れている状態を基質支持という．このような支持状態のちがいは，礫の運搬様式を知るうえで重要である．

　砂岩は砂粒子と泥質基質からなる（図 5.7）．砂粒子の岩相を，石英，長石，岩石片（岩片）の 3 成分に分類して，砂岩の組成を三角図に表示することが多い（図 5.8）．基質は 20 ～ 30 μm より小さなシルトや粘土からなる．基質量は礫岩と同じく運搬様式の解明に有効で，構成比で 15 ％以上をワッケ，以下をアレナイトとよんでいる．砂岩

図 5.7　砂岩の顕微鏡写真
関東山地秩父帯の砂岩．スケールバーは 0.5 mm.

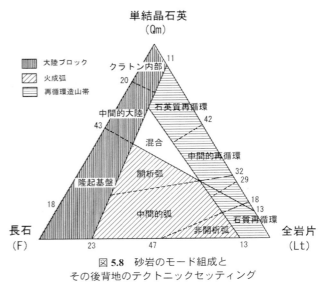

図 5.8　砂岩のモード組成と
その後背地のテクトニックセッティング

の性質はさまざまな要因，たとえば後背地の岩相，気候，運搬様式などによって規制されるといわれている．とくに後背地の岩相は，その岩相の組み合わせを生み出したテクトニクスに関連していることから，砕屑物の解析は後背地のテクトニクス解明に有効である（Gazzi‐Dickinson 法 Dickinson and Suczek（1979）；図 5.8）．この解析法では，砂岩試料の後背地を大陸ブロック，火成弧，再循環造山帯に三分している．長石粒子に富むアルコース，石英粒子に富むコーツァイト，岩石片や基質に富むグレイワッケなどの慣習的名称が使用されることもある．

　泥岩は，0.063 mm（1/16 mm）以下のシルトからなるシルト岩，0.004 mm（1/256 mm）以下の粘土からなる粘土岩から構成される．シルト岩はおもに石英，長石，雲母片と粘土鉱物からなる．シルト粒子は流水中を浮遊して運搬されるので，磨耗を受けることが少なく，角張っている．粘土岩の主成分は粘土鉱物で，この粘土鉱物には既存の岩石から供給される砕屑物と，風化作用や続成作用により生成した自生鉱物がある．

(3)　生物源堆積岩

　生物源堆積岩は，サンゴ礁やその砕屑物などの炭酸塩堆積物が，また放散虫軟泥などの珪質堆積

物が固化したものである．生物源堆積岩の代表は石灰岩とチャートである．

石灰岩とサンゴ礁

　セメントの原料となる石灰岩は，日本で唯一自国でまかなうことができる鉱物資源である．石灰岩の化学組成は $CaCO_3$ で，次に述べる層状チャートの化学組成は SiO_3 である．この $CaCO_3$ は元来，サンゴ礁や有孔虫などの生物体から由来するもので，方解石の集合体よりなる．九州では，平尾台（口絵 2），津久見，中国では，秋吉，阿哲，帝釈，中部では，赤坂，伊吹，関東では，奥多摩，武甲山，葛生，東北では，阿武隈，北上，八戸，北海道では戦朗などの石灰岩の鉱床が知られている．

　石灰岩は玄武岩などの火山岩を伴って産出することが多く，その陸上での状況から，元来，礁－海山複合体を形成していたことが考えられている．海山は円錐形をなしており，周囲の海底から 1,000 m 以上そびえたっている．このような海山の一部は，火山島の海面上の部分が風化・侵食を受けてできたもので，熱帯海域の火山島や海山にはサンゴ礁が形成されている．サンゴ礁は造礁サンゴや石灰藻類などが集積してできているので，

その形成条件は造礁サンゴの生育条件によって規定される．造礁サンゴは，水温 25 ～ 30℃ が適温とされ，共生する藻類が光を必要とすることから，深度 30 m 以浅の海底に生育する．現在の海洋では，赤道をはさんで南北緯約 30° の海域にサンゴ礁が分布する．

　サンゴ礁は裾礁，堡礁，環礁に分類されている（図 5.9）．この分類は，「進化論」で有名なダーウィンが太平洋の数多くのサンゴ礁を訪れて提唱したのである．裾礁は，火山島や陸地を基盤としてその周縁の海岸に沿って発達するサンゴ礁である．堡礁は，陸地側に礁湖（ラグーン）をもつサンゴ礁で，サンゴ礁自体が外洋と礁湖との海水循環の障壁になっていることから障壁礁（バリアーリーフ）ともよばれている．海岸線と平行的に発達したオーストラリア・グレートバリアーリーフが有名である．環礁は，平面的に円～楕円に近い形をして中央に礁湖が発達するサンゴ礁で，太平洋南部，中西部などに多いタイプである．

　このような 3 タイプのサンゴ礁はどのようにし

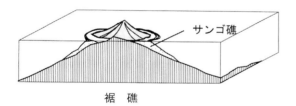

裾　礁

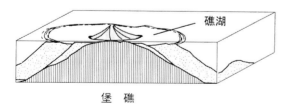

堡　礁

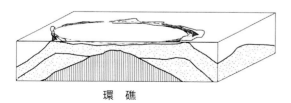

環　礁

図 5.9　3 タイプのサンゴ礁

てできたのであろうか．ダーウィンは 1842 年に，裾礁→堡礁→環礁の順で，火山島が沈降することでこのような 3 タイプが生まれるのだとした（「沈降説」）．また，地球物理学分野で有名な R.A. デーリーは 1915 年に，サンゴ礁にいくつかのタイプができる理由として，氷期と間氷期における海水面の高さの変化が原因であるという「氷河制約説」を発表した．その後，「氷河制約説」と「沈降説」を組み合わせた「氷河制約沈降説」が 1933 年に H. キュウネンによって提唱された．さらにいくつかのサンゴ礁の成因に関するモデルが提案されているが，今後海洋底の移動という現代の考え方で，「氷河制約沈降説」を改めて見直す必要があるといわれている．

　茨城県沖合いの日本海溝では，その海溝底で今まさに海溝の下にもぐり込もうとしている第一鹿島海山の存在が知られている．横幅数十 km もある火山岩でできた第一鹿島海山は，東半部と西半部に分かれ，西半部のかなりの部分は海溝陸側斜面の下にもぐりこんでいる．東西半分の境界は断層崖となっており，西半部が崩れ落ちたことがわかる．また，山体の頂部は白亜紀の化石を含む厚さ 300 m の石灰岩でできている．

石灰岩の岩石学

　石灰岩は，粒子とその間を生める基質，そしてセメント物質からできている（図 5.10）．粒子には生物骨格粒子，ウーイド（魚卵石），ペロイド，イントラクラストなどがある．

　生物骨格粒子には，石灰藻類，造礁サンゴ，有孔虫，腕足類，軟体動物，コケムシなどがある．ウーイドは，核とそれをとりまく同心円状の微粒結晶部分からなる直径 2 mm 以下の粒子である（図 5.10 中央上）．核は生物骨格粒子や石英粒子からできており，そのとりまく部分は粒子が高塩分のごく浅海域で波浪による転動で，ちょうど雪だるまのようにしてできるものと考えられている．また，その形成にはシアノバクテリア（ラン藻）も関与

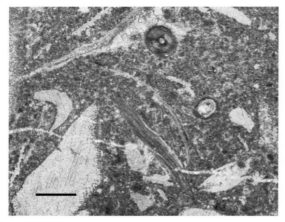

図 5.10　石灰岩の顕微鏡写真
関東山地秩父帯の石灰岩．スケールバーは 0.5 mm.

図 5.11　チャートの露頭写真
四国四万十帯のチャート．

していることが報告されている．ペロイドは，石灰泥からできている径 0.1 ~ 0.5 mm 程度の小さな粒子である．その成因にはいくつかあり，代表的なものに，腕足類や軟体動物の糞からできた糞源ペレットがある．イントラクラストは，すでに堆積していた周囲の炭酸塩堆積物が侵食されて再び堆積した粒子である．このほかに，その場所で成長していた生物が埋積した場合（現地性生物骨格遺骸）などもある．基質はシルトサイズ（65 μm）以下の石灰泥である．

　石灰岩などの炭酸塩岩の特徴に，堆積後溶解・沈殿を受けやすいことがあげられるが，そのときにセメントが形成される．セメントの形態や鉱物組成は多種多様で，後者には方解石（$CaCO_3$），あられ石（$CaCO_3$），ドロマイト（$(Ca, Mg) CO_3$）などがある．

層状チャート

　遠洋環境は一般に深海となるので，遠洋性堆積物は深海堆積物と同義語で扱われることが多い．遠洋性堆積物の陸上堆積岩の 1 つに層状チャートがある．層状チャートは厚さ 5 ~ 10 cm の珪質部と厚さ数 mm ~ 1 cm のフィルムとよばれる泥質部が，何十回にわたって繰り返して産出する（図 5.11）．かつて層状チャートは，フズリナ石灰岩と一緒に産出することが多く，層状チャートすべてが古生代の堆積物と考えられたこともあったが，その後，ふっ酸による表面のエッチングで，層状チャートの構成物が深海底に堆積した放散虫軟泥に類似することがわかった．また，石英などの砕屑性粒子をほとんど含まないことから，遠洋域の堆積物であること，石灰質なチャートがないことなどから CCD 以深の深海堆積物と考えられている．

　また 1980 年代以降，放散虫化石の生層序が確立され，古生代とされてきた層状チャートの年代が，三畳紀やジュラ紀であることがわかってきた．層状になる理由については，セグレゲーション（化学的分離），周期的放散虫大量発生，混濁流堆積物などの説が有力であるが，詳細はわかっていない．チャートはそのほとんどが微晶質~隠微晶質（顕微鏡下でも識別できないほどの細粒）石英粒子からなる．顕微鏡下では，楕円~円形の放散虫の殻を見ることができる（図 5.12）．

（4）地層の解読

　地層は環境変遷や生物相の変遷など，地球表層で起きた出来事を記録している．したがって，その記録を解読する方法や視点をもつと過去に起きた出来事を解読することが可能になる．ここでは砕屑物・砕屑岩の生成過程やさまざまな環境にお

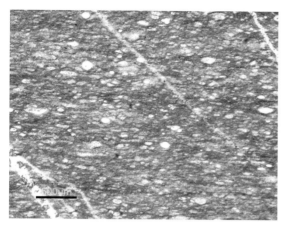

図 5.12　チャートの顕微鏡写真
関東山地秩父帯のチャート．スケールバーは 0.5 mm.

表 5.1　粒径による砕屑物の区分

φスケール	Wentworth の粒径区分		粒径
-12			4096 mm
	巨礫　Boulder		
-8			256 mm
	大礫　Cobble		礫
-6			64 mm
	中礫　Pebble		Gravel
-2			4 mm
	細礫　Granule		
-1.0			2.0 mm
	極粗粒砂　Very coarse sand		
0			1.0 mm
	粗粒砂　Coarse sand		砂
1.0			0.5 mm
	中粒砂　Medium sand		Sand
2.0			0.25 mm
	細粒砂　Fine sand		
3.0			0.125 mm
	極細粒砂　Very fine sand		
4.0			0.0625 mm
	シルト　Silt		泥
8.0		1/256 (3.9 μm)	Mud
	粘土　Clay		

け°る地層の特徴について解説する．

砕屑物と砕屑岩の生成過程

　地層（砕屑物・砕屑岩）を構成する泥・砂・礫は岩石が風化・侵食されることによって生じる．**風化作用**と**侵食作用**によって生じた泥・砂・礫は水や風などによって運搬され，海底や地表に堆積する．堆積した地層（砕屑物）は**続成作用**を受けることで砕屑岩となる．風化作用とは，さまざまな物理的・化学的作用によって硬い岩石をもろくし，細片化する作用である．続成作用とは地層を岩石化させる作用であり，圧密作用と膠結作用に分けられる．圧密作用とは地層が過重によって圧縮され，体積と間隙率が減少する作用である．膠結作用とは砂や礫といった地層中の粒子の間にある水から沈殿物が生じ，粒子の隙間を埋める作用である．

　水や風の働きで運搬・堆積される際，砕屑物の挙動はおもにその粒径によって決まる．そのため運搬様式や堆積した環境によって地層の粒径や粒径のばらつきはさまざまに変化する．粒径は地層形成時の運搬様式や環境を考えるうえで非常に重要な情報源になるため，砕屑物は粒径によって分類されている．砕屑物は大きく泥・砂・礫に分類され，泥・砂・礫はさらに粘土・シルト・極細粒砂・

細粒砂・中粒砂・粗粒砂，極粗粒砂・細礫・中礫・大礫・巨礫に細分されている（表 5.1）．

　岩石の風化・侵食はさまざまな場所で起きるが，陸上の砕屑物の生成場として重要なのは山地である．山地では岩石の侵食やマスムーブメントが生じ，多くの砕屑物が生み出されている．山地で生じた砕屑物は水とともに谷川を流れて下流へと運搬される．

ベッドフォームと堆積構造

　堆積構造とは水や風が砕屑物を運搬・堆積したときにできる地層の構造である．水などの流体が砕屑物を動かすと，砕屑物の表面に**ベッドフォーム**とよばれる凹凸が生じる．砕屑物の供給が持続する状況下でベッドフォームが移動したり累重したりすると，地層の断面に縞模様のような堆積構造をつくる．ベッドフォームと堆

積構造は流れでも波浪でも発生し，流れや波浪の状態，粒径などによってさまざまな形態に変化する．ベッドフォームと堆積構造は堆積時の流れや波浪の状態を反映しているため，粒径同様これらも地層が堆積した環境を特定するうえで重要な情報となる．

扇状地の地層

　川が山地から平野に到達すると，流路の幅が広がることによって流速が落ち，水流の運搬力が衰えて砕屑物が堆積する．山地の谷川が平野に到達したところで砕屑物が堆積してできる地形が**扇状地**である．大雨の際に谷川から扇状地へ流れ出る土石流は，とくに扇状地の上流部における主要な堆積作用である．土石流はさまざまな粒径の砕屑物が水と混じり合って流れ下る現象である．扇状地の上流部はおもに土石流によってできた地層で構成されており，下流部では土石流以外の水流でできた地層が多い．土石流でできた地層は泥から径が数 m を超えるような大きな礫まで多様な粒

図 5.13　トラフ型斜交層理のある砂岩層の露頭
この砂を堆積させた流れに対して直交する断面.

図 5.14　平板型斜交層理のある砂岩層の露頭
左から右に向かって流れた流れによってできたことがわかる. 図 5.14 と同じ露頭の流れに平行な断面.

径の砕屑物で構成されているのが特徴である．また，流れ下る際に礫どうしが衝突することなどによって大きな礫が持ち上げられ，土石流の地層では上位ほど粒径が大きくなることがある．このような構造を逆級化構造という．扇状地下流部の地層は比較的粒径の小さい礫と砂で構成されており，水流によってできたトラフ型斜交層理（図5.13）や，平行葉理，平板型斜交層理（図5.14）などさまざまな堆積構造が観察される．

網状河川と蛇行河川の地層

　水の流れは扇状地より下流の河川とその周辺においても砕屑物を運搬し，地層を堆積させる．河川は形態によって**網状河川**や**蛇行河川**などに分類されている．網状河川は比較的急勾配で，砂礫など粗粒な砕屑物が多く供給される場所で発達する．蛇行河川は比較的緩勾配で，砂泥など細粒な砕屑物が多く供給される場所で発達する．

　河川の流路の周辺には氾濫原という洪水時に浸水する場所がある．また，洪水時に砂が堆積することによって河川の流路に沿って微高地が発達する．これを自然堤防という．洪水時には自然堤防の一部が壊れて氾濫原の上に砂が堆積することがある．これを破堤堆積物という．流路の地層はおもに砂礫で構成され，トラフ型斜交層理や，平行葉理，平板型斜交層理などの水流によってできる堆積構造が見られる．氾濫原には砂層と泥層が見られ，砂層はおもに洪水時に堆積する．泥層には干裂という泥が乾燥するときにできる割れ目や，植物根が観察される．網状河川の場合，流路が頻繁に側方移動して氾濫原の地層を侵食するため，流路の地層の割合が高くなりやすい．一方蛇行河川の場合，網状河川と比べて流路の移動が限られているので氾濫原の地層が厚く堆積しやすい．湾曲する流路の外側では流速が相対的に速いため川岸が侵食され，攻撃斜面ができる．湾曲部の内側では流速が相対的に遅く，砕屑物が堆積しポイントバー

とよばれる地形を作る．ポイントバーの地層には上位にむかって粒径が細かくなるという特徴（上方細粒化）があるが，これは流路内部における流速の違いを反映している．ポイントバーの地層は網状河川でも蛇行河川でもできるが，蛇行河川の方が顕著な上方細粒化を示す．

三角州の地層

　河川が海や湖に到達したところで砕屑物を堆積させることによってできる地形を**三角州**という．陸から海への物質輸送の大半は河川が担っており，河川が海と陸の境界部で作る三角州は地球表層における物質循環を考えるうえで重要である．また，三角州は海岸付近に肥沃な平野を形成するため，大昔から現在に至るまで主要な人間活動の場になっている．三角州は大きく分けて，陸上の平野を含む上部の平坦面である頂置面，海底で波浪や潮汐流の作用を受けながら頻繁に土砂が堆積し急傾斜をなす前置面，そして最も沖合に位置する傾斜の緩い底置面で構成される．頂置面，前置面，底置面でできた地層をそれぞれ頂置層，前置層，底置層とよぶ．頂置層には平野を流れる流路や氾濫原の地層，海岸に発達する干潟や海浜の地層など，海岸と陸上の平野でできたさまざまな地層が含まれる．前置面のとくに海岸に近く水深が浅い場所で砂礫が頻繁に堆積し，波浪や潮汐流の作用を受ける．そのため前置層では波浪や潮汐流によってできる堆積構造が頻繁に観察される．底置面は土砂を供給する河口から離れており，砂礫を運搬する波浪や潮汐流の影響もあまりないため，底置層はおもに泥層で構成されている．ただし河口から流入した砕屑物によって発生する混濁流や土石流の地層は底置層にも見られる．

　河川が砕屑物を供給し続けることによって海が埋め立てられ，三角州は沖に向かって前進する．三角州が前進する際には水深の深い場所で堆積した地層の上に浅い場所で堆積した地層が重なる．つまり底置層の上に前置層が，さらにその上に頂

図 5.15　三角州の地層
底置層は主に泥岩で構成されている．前置層は上位ほど砂岩層が厚くなり，泥岩層は薄くなる．ここでは頂置層も主に砂岩層で構成されている．

置層が堆積することになる．さらに，前置層のなかでも水深の浅い場所で堆積した部分ほど砂層や礫層が厚い．その結果，三角州の地層は全体的に上位ほど砂層や礫層が厚く，泥層の割合が低くなるという傾向がある（図 5.15）．ただし，頂置層には海浜や干潟などさまざまな環境の地層が含まれているため，下位にある前置層よりも粗粒でない場合もある．

　相対的海水準が一定の場合，三角州は河川からの土砂供給量が増えると沖に向かって前進するが，逆に土砂供給量が減ると波浪などによって侵食されて後退する．土砂供給量の変化とそれに伴う三角州の前進・後退は陸地の隆起や降水量の変化など自然現象によって生じるが，ダム建設や森林伐採など人為的要因によっても発生する．とくに近年では人為的要因による三角州の変化が顕著である．

波浪の卓越した浅海底の地層

　河川から流入した，または海岸の侵食によって生じた砕屑物は波浪や潮汐流などによって再び運搬され，さまざまな海岸地形を形成する．波浪と潮汐流の相対的な影響の強さによって海岸地形もそこでできる地層の特徴も変化するが，ここでは波浪の影響が卓越した海岸と浅海における地層について述べる．

　波浪の影響が強い場所の海浜と浅海底は，後浜，前浜，外浜，内側陸棚，外側陸棚に区分されている．後浜は海浜の暴浪時波浪遡上限界から静穏時波浪遡上限界までの範囲，つまり嵐の時に波浪が到達するところから嵐でない時に波浪が到達するところまでの範囲である．前浜は海浜の低潮位の汀線から静穏時波浪遡上限界までの部分である．外浜は低潮位以深，静穏時波浪限界水深以浅の浅海底，つまり常時波浪が作用する海底である．沿岸流の影響を受けて沿岸砂州が発達する上部外浜と，沿岸砂州が発達しない下部外浜に区分される．波浪

図 5.16　ウェーブリップル

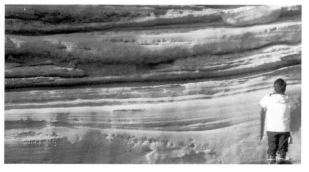

図 5.17　ハンモック状斜交層理のある砂岩層の露頭

限界水深とは波浪の影響が及ぶ水深であり，波浪の条件などによって場所ごとに異なる．内側陸棚は静穏時波浪限界水深以深，暴浪時波浪限界水深以浅の海底，つまり嵐の時にだけ波浪の影響が及ぶ大陸棚（陸棚）である．外側陸棚は暴浪時波浪限界水深以深の**大陸棚**（陸棚）である．大陸棚とは沿岸から水深百数十 m までの平坦な海底であり，氷河性海水準変動の氷期に海水準が低下した際，陸上の平野であった場所である．

　相対的海水準が低下したり砕屑物の供給量が多かったりすると，浅海が埋め立てられて海浜が沖の方向に前進し，平野が形成される．このような平野を浜堤平野とよぶ．たとえば九十九里平野や仙台平野などは約 6,500 年前以降の相対的海水準の低下に伴ってできた典型的な浜堤平野である．

　波浪の影響が及ばず砂礫があまり堆積しないため外側陸棚の地層はおもに泥で構成される．内側陸棚では嵐の時に砂の地層が堆積するため，泥層と砂層が交互に重なる．砂層にはウェーブリップル（図 5.16）やウェーブデューン，ハンモック状斜交層理（図 5.17）といった波浪によってできる堆積構造が多く観察される．外浜では常時波浪が作用しているため泥がほとんど堆積しない．そのため外浜の地層はほとんどが砂層で構成されている（場合によっては礫層も含む）．外浜の砂層にも波浪によってできる堆積構造が多く観察されるが，上部外浜は沿岸流の影響を受けているため，流れによってできる堆積構造も多い．浅海が埋め立てられる際には，三角州の場合と同様に水深の深い場所で堆積した地層の上に浅い場所で堆積した地層が重なる．したがって下位から順に外側陸棚，内側陸棚，下部外浜，上部外浜，前浜の地層が堆積し，上位の地層ほど砂層や礫層が厚くなり，泥層が挟まれることが少なくなる．

海底扇状地の地層

　大陸棚の縁には深海底まで続く**海底谷**という谷があり，海底谷の先には**海底扇状地**が発達してい

る．海底扇状地とはおもに海底谷から流れ出た**混濁流（乱泥流）**が土砂を堆積させてできる巨大な海底の堆積場であり，大規模なものは海底谷の出口から数百 km 以上先まで広がっている．海底扇状地の表面にはまるで陸上の蛇行河川のように曲がりくねった流路があり，流路は一つの海底扇状地に複数観察される場合もある．この流路は混濁流が繰り返し流れ下ることでできたものであり，混濁流はこの流路から溢れ出しながら，場所によって秒速 20 m を超える猛烈な速度で流れ下る．海底扇状地が発達する過程でしばしば流路は放棄され，別の流路が形成される．流路の形成と放棄を繰り返しながらさまざまな方向に混濁流が流れ下り海底扇状地を成長させる．流路の放棄は海底扇状地の中央部分で頻繁であり，海底谷に近い部分では流路の放棄はあまり頻繁ではない．また，流路は海底扇状地の末端部ではあまり明瞭でない．前述のように混濁流が作る地層はタービダイトであり，海底扇状地はおもにタービダイトで構成されている．海底扇状地のなかでも上流部や末端部，流路付近と流路から離れた部分など，場所によってタービダイトをはじめとする地層の特徴や累重様式もさまざまに変化する．

地質調査において目にする露頭は厚さにして数 m から十数 m 程度であるが，海底扇状地は長さ・幅が場合によっては数百 km になり，地層の厚さも数百 m を超える巨大な堆積体である．したがって，地質調査で観察するタービダイトの露頭の一つ一つは海底扇状地のごく一部を見ているにすぎないことに留意すべきである．

(5) 造山運動と付加体
造山帯と造山運動

大陸は**安定地塊（クラトン）**と**造山帯**からできている（図 5.18）．安定地塊は太古代や原生代前期に形成された，おもに高温型変成岩からできており，楯状地（楯を伏せたような地形）や卓状地（周辺の低地と急崖で境された地形）に相当する．いわゆる大陸の中核部をつくりあげている．

一方，安定地塊と安定地塊の間を埋めたり，安

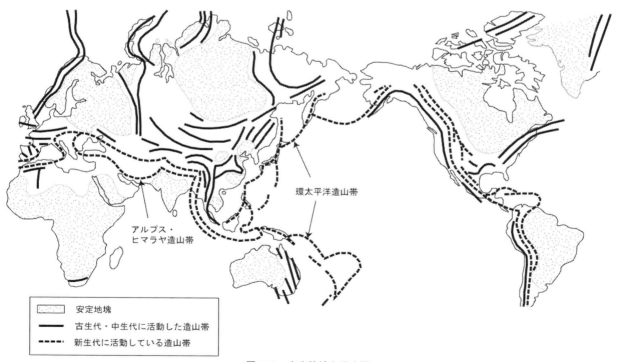

環太平洋造山帯

アルプス・ヒマラヤ造山帯

安定地塊
古生代・中生代に活動した造山帯
新生代に活動している造山帯

図 **5.18**　安定陸塊と造山帯

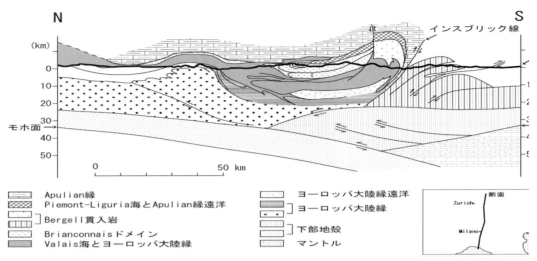

図 5.19　Schimid et al.（1996）によるアルプス造山帯の断面

定地塊をとりまくように造山帯がみられる．造山帯は世界の屋根といわれるような大山脈を形成しているものや，すでにほとんどが削剥され，大山脈の深部に相当する深成岩や変成岩が露出した比較的平坦な地形からできている造山帯もある．造山帯のうち最も若く現在も進行しているのは，環太平洋地帯とアルプス・ヒマラヤ地域である．

　造山帯をつくりあげる運動が**造山運動**であるが，造山運動には太平洋型造山運動と衝突型造山運動がある．太平洋型造山運動は，日本列島を含めた環太平洋地域の造山運動で，海洋プレートが沈み込み，その結果新しく大陸地殻をつくりだすことになる．一方，衝突型造山運動では，大陸プレートと大陸プレートが衝突して，その結果大陸地殻を生み出すとともに大陸地殻の改変を伴うことになる．

　アルプス・ヒマラヤ地域はこの衝突型造山運動の地帯である（図5.19）．とくに，アルプス造山帯では，ヨーロッパとアフリカの大陸プレートの衝突結果をみることができる．すなわちアフリカ側の Apulia から，ヨーロッパ大陸の縁に至る海成堆積物が，衝突により激しく褶曲している様子を断面図（図5.19）から読み取ることができる．衝突型造山運動であっても，衝突に至らしめる駆動力は海洋プレートの沈み込みとされている．つまり，大陸間にあった海洋プレートが両大陸の下方に沈み込むことで，両大陸間がしだいに縮まり，最終的に大陸同士が衝突すると考えられている．

　海洋プレートの沈み込みで，海洋プレート上にあった生物源堆積物は大陸側に付加することがある．このような付加は，**沈み込み帯**すべてで起こるわけではなく，地球上の海溝の30％程度で起こっているとされている．この生物源堆積物や遠洋性堆積物の付加は，海溝底に運搬供給された陸源性堆積物を伴って起こり，大陸縁に楔形の付加体をつくりあげる（図5.20）．付加体は海溝ウェッジとよばれる海溝底の堆積物が変形を始める変形前線から，海溝斜面ブレイクまでの地帯に相当する．付加体は海洋プレートの沈み込みに伴い隆起を続け，一方前弧海盆は沈降を続け，陸からの堆積物（陸源性堆積物）が厚く堆積する場となる．

付加体の構成

　付加体はプレート沈み込み境界の陸側に，堆積物のスラストシートの積み重ねによって形成された地質体である（図5.20）．スラストシートとは衝上断層（逆断層の一種で，ゆるい傾斜角度の断層面が特徴）によって地層・岩石が何回も繰り返

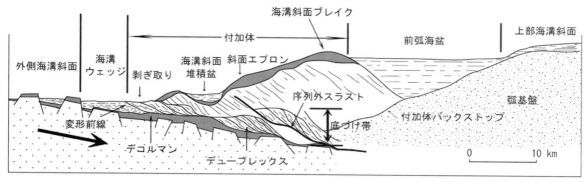

図 5.20 付加体の断面

して重なっている状態で，衝上断層によって仕切られた部分を意味する．ちょうど，トランプを1枚，1枚机に並べて，それらを両手を使って一度に，集めて重ね合わせたようなものである．

スラストシートをつくる地層は，急速に堆積した海溝タービダイトがその主体を占め，堆積直後に著しい側方差応力を受け脱水と同時に変形している．その地層配列と大構造の特徴は，①ひとつひとつのスラストシートは内側へ若くなること（内側上位），②全体的に外側へ若くなること，③外側へのフェルゲンツ（衝上断層や非対称褶曲の向かう向き）の構造がみられることの3点である（小川・久田，2005）．①では，スラスト近くを除いて，1つのスラストシート内部の地層は正順位（地層が逆転することなく累重していること）に重なり陸側に傾斜していることから，内側に若くなる．②では，付加体内でより外側はより若い付加であることから外側へ若くなる．③では，付加体の全体の構造は，付加体下方へ沈み込む海洋プレートによって規制されていることから，このように外側へのフェルゲンツとなる．海溝プレート上の堆積物は剥ぎ取り（オフスクレイプ）と底づけ（アンダープレイト）によって陸側に付加されることになる．また，付加体は底づけと序列外スラスト（out-of-sequence thrust，剥ぎ取り断層が，次々と前方へ生じるのに対して，その順序とは異なって，後方でも生じることから，そうよばれる）

による内部の再配列・肥厚の結果と考えられている．すなわち，沈み込む海洋プレートと上盤の付加体の境界をなすデコルマンゾーンに沿って衝上断層で下から持ち上げられ（底づけ；デュープレックスの形成），それらはもう一度序列外スラストで変位することになる．

チャート砕屑岩シーケンス

約 1,500 万年前にアジア大陸から分離した日本列島は，おもにペルム紀とジュラ紀，白亜紀後期から古第三紀の付加体からできている．1970 年代まで，海洋性堆積物と陸源性堆積物が重なり合って何千 m も厚く堆積するものと考えられていた．当時は石灰岩から，石炭紀後期〜ペルム紀の紡錘虫化石がみつかり，石灰岩をはさむ泥岩や砂岩も古生代と考えられていた．ところが，一緒に重なる層状チャートから三畳紀のコノドント化石や放散虫化石がみつかり，また，泥岩からジュラ紀の放散虫化石がみつかり，整合的に重なった地層とは考えられないことがわかってきた．そこで提案されたのがチャート砕屑岩シーケンスである．

これは大陸から離れた（陸源性堆積物を欠如する）海洋底に堆積した放散虫軟泥が海洋プレートに乗り，海溝まで移動する．その際，玄武岩などでできた海山とその頂上に形成されたさんご礁も海洋プレートに伴って移動する．一方，陸上河川によって運搬された土砂が，河口からさらに海底

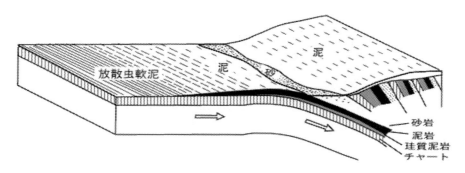

図 5.21 チャート砕屑岩
シーケンスの形成

谷を伝わって深海底まで混濁流で運搬される．その結果，海洋性堆積物の上に陸源性堆積物が覆うことになる．これが**チャート砕屑岩シーケンス**である（図 5.21）．このシーケンスは，海洋プレートの海溝での沈み込みに伴い，海底下にもぐりこむことになるが，いつまでももぐりこむことができず，ある深さで海洋プレートからデコルマンで

引きはがされ，より浅いところにあるチャート砕屑岩シーケンスの上にのし上がるようになる．これを何回か繰り返すことで，チャート砕屑岩シーケンスがいく重にも重なることになる．日本ライン下りで有名な木曽川の岐阜県美濃加茂市から愛知県犬山市にかけての川岸には，このチャート砕屑岩シーケンスが見事なまでに露出している．

■コラム ||||||||||||||||||||||||||||||||||||||||||||||

ザグロスの奇跡
―アフリカを脱出した古代人ホモサピエンスの足跡

私たちホモサピエンスの進化について，現在では 20 ～ 10 万年前にアフリカ東部の東アフリカ大地溝帯周辺でホモサピエンスが誕生，その後世界各地に拡散したと考えられている．東アフリカから人類が拡散するには，どうしてもアフリカとユーラシア大陸の接合部を通過しなければならない．考えられるルートとしては二つ，サハラ砂漠を抜けてシナイ半島からレヴァント（地中海東部沿岸地域）に至る北回りと，東アフリカから直接エルマンデブ海峡周辺で紅海を渡り，アラビア半島東部を経て，ホルムズ海峡周辺でペルシャ湾を渡ってザグロス山脈に至る南回りのルートである．

今回，私たち考古学者と地質学者は共同でその南ルートの南ザグロス山中にある町，アルサンジャン地域（イラン南西部）の古代遺跡群を調べた（図 1）．その結果，今から 5 万年以上も

図 1　アルサンジャン周辺の南ザグロス山中
左側は白亜紀後期石灰岩，中央の平坦地は放散虫岩でできている．

図2 アルサンジャンにある巨大石灰岩洞窟
洞窟の間口は50 m以上もあり，ここで石器が作成されていた．

昔に多くの古代人が住んでいたこと，石器工場だったと思わせる石灰岩洞窟（図2），その洞窟には世界最古の水場の遺構があることなどがわかった．

洞窟周辺の地質調査によって，石器の素材となる放散虫岩が大量に露出（図3）していることが判明した．放散虫岩は，放散虫という珪質の殻をもったプランクトンでできている．放散虫岩は石灰岩との互層としてしばしば観察され，ザグロス山脈の放散虫岩も石灰岩とほぼ一緒に堆積している．日本列島にはザグロスの放散虫岩と同じような層状チャートという堆積岩がある．層状チャートと放散虫岩の大きな違いは，層状チャートが（稀に石灰岩と互層することがある）放散虫と粘土からできていることだ．この違いは何故起こるのか．

それは，後にザグロス山脈となる中生代白亜紀の海洋（テチス海という）が堆積当時は赤道付近にあり，プランクトン生産量が著しく高かったこと，比較的浅海だったことが考えられる．それに比し，日本列島にある中生代の層状チャートが堆積したのは深海，一昔前の太平洋すなわち古太平

図3 巨大石灰岩洞窟に周辺に露出する放散虫岩
ハンマーの置いてある地層が放散虫岩．層状チャートよりも，単層の厚いことに注目．

洋（パンサラサという）だった．堆積時の海の深さが，この違いをもたらしたのである．

古代人にとって，ザグロスの石灰岩洞窟は住居として重宝したことであろう．また放散虫岩は石器の素材として必要不可欠だった．ここで石器製作に励み，その技術力を携えて世界各地に拡散したのかもしれない．アフリカを脱出した人類にとって，ザグロスは奇跡ともいえる場所だったのである．

第Ⅲ部　地球の変動

第6章　プレートテクトニクス

(1) プレートテクトニクスとは

　「地球の表面は，厚さ数 10 km ～ 100 km 程度の複数のプレートに覆われており，それぞれのプレートが剛体的な運動をしている．それによって，テクトニクス（地球の構造形成運動）が規定される．」という考えを**プレートテクトニクス**とよぶ．**プレートの実体はリソスフィア**とよばれる粘性率が大きい固い厚さ数 10 km ～ 100 km 程度の岩盤に対応しており，プレートの下には，粘性率が小さく流動性が高い岩石で構成されている**アセノスフィア**が存在している．プレートはアセノスフィアの上を滑るように動くので剛体的に移動できる．

　火山や地震などの地表を変動させるような現象は，おもにプレートとプレートが接するプレート境界で発生している（図 6.1）．プレート境界で発生する地震はプレート間に蓄積する歪みの解放に対応し，火山活動は地下に水が供給されマグマが発生することによって活性化される．アセノスフィアとリソスフィアの区分とは，地殻とマントルのような，化学的な性質による区分ではなく，力学的な性質による区分である（図 6.2）．プレー

トテクトニクスは，さまざまな地球科学現象を統一的に説明しうる仮説として，1970 年代からさまざまな分野で検証されてきた．

　プレート境界は，新たなプレートを生産する「発散境界」と，プレートが消費される「収束境界」，プレートが生産と消費のどちらにもかかわることなく相互にすれちがう「横ずれ境界（**トランスフォーム境界**）」に分類することができる（図 6.3）．

　発散境界で有名なのは，大西洋中央海嶺である．**中央海嶺**では，二つのプレートがほぼ一定速度で，左右に引き裂かれている（図 6.4）．結果として，中央海嶺では間隙ができ，その間隙を埋めるように，マントル深部から高温マントル物質が上昇する．上昇に伴う圧力低下により融点が低下し，大規模な融解が発生してマグマが生まれる．このマグマが玄武岩質の噴出岩，貫入岩となり，海洋地殻を形成する．残りのマントル物質は，地殻の下に超苦鉄質岩層を形成する．海嶺で生産されたプレートを海洋プレートとよぶ．

　海洋地殻と超苦鉄質岩層の密度は，アセノス

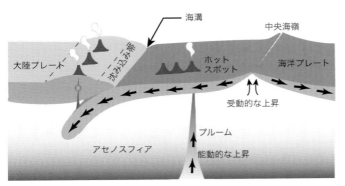

図 6.1　プレートテクトニクスの概念図

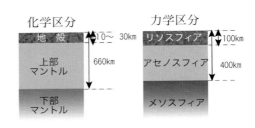

図 6.2　化学区分と力学区分の概念図

発散境界

収束境界

横ずれ境界（トランスフォーム断層）

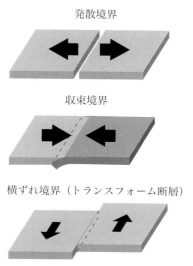

図 6.3　3 種類のプレート境界の概念図

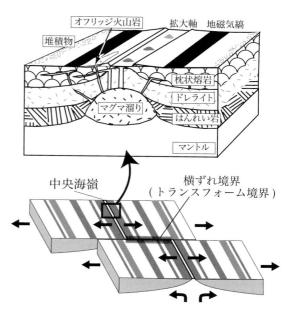

図 6.4　中央海嶺とトランスフォーム境界の概念図

フィアの密度より軽い．このため，海洋プレートが生成された直後は，アセノスフィアに対して「正の浮力」をもつ．中央海嶺で生産されたプレートは海底で冷却されるため，プレートに接しているアセノスフィアも冷却される．冷却されたアセノスフィアは粘性率が高くなり，やがては海洋プレートの一部になる．海洋プレートは時間とともに冷えその厚さは増していき，平均的な密度が増加し，やがてはアセノスフィアに対して「負の浮力」が作用するようになる．言い換えると，密度が低い層の上に密度が高い層が存在する不安定な系となる．不安定な系であることが，海洋プレートが動くおもな原因である．

　新しく生成された海洋性地殻には，生成時の地磁気の情報が縞模様で記憶されている．中央海嶺と平行な縞模様の地磁気異常が，世界の海底で見られる（図 6.4）．これは，中央海嶺で海底が拡大しており，かつ地球の地磁気が反転を繰り返しているためである．この観測が，海底が拡大している決定的な証拠となった．

　収束境界には，日本海溝や南海トラフのような「**沈み込み帯（サブダクション・ゾーン）**」と，ヒマラヤ山脈のような「**大陸衝突帯（コリジョン・**

ゾーン）」がある（図 6.5）．沈み込み帯では，負の浮力が作用している海洋プレートが沈み込み，プレートが消費（サブダクション）されている．また，沈み込む海洋プレートの岩石中に含まれている大量の水が，高温・高圧下で脱水しマントルに水が供給されることによりマグマがつくられ，沈み込み帯に沿って活発な火山活動が起こる．大陸衝突帯では，大陸プレートと大陸プレートが衝突している．大陸プレートには密度が軽く分厚い

沈み込み帯

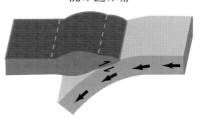

大陸衝突帯

図 6.5　沈み込み帯と大陸衝突帯の概念図

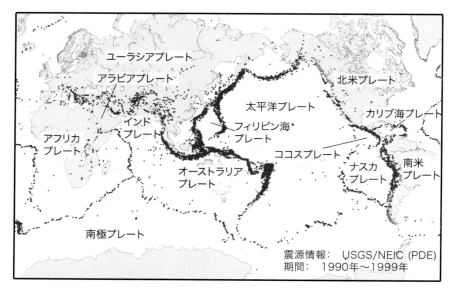

震源情報：　USGS/NEIC (PDE)
期間：　1990年〜1999年

図 6.6　地震活動と
主要なプレート

大陸地殻が載っているために正の浮力が作用しており，どちらかのプレートが沈み込むことはむずかしいため，二つのプレートが衝突し，巨大な山脈が形成される．

　横ずれ境界で有名なのは，サンアンドレアス断層である．この横ずれ境界では，プレートが生産，消費されることなく，プレートとプレートが互いに水平方向に運動している．そのため，プレート境界の走行は，すれちがうプレートの相対的な運動方向と一致する．意外にも，横ずれ境界は海嶺近辺に多数存在する．これは，中央海嶺と中央海嶺が，断層にそって，ずれているからである（図6.4）．これらの横ずれ境界は，異なるタイプの境界との間をつなぐ役割があることより，トランスフォーム境界とよばれる．

　プレート境界では，二つ以上のプレートが別々の方向に運動している．それぞれのプレートの変位により歪みが蓄積し，大地震が発生する（図6.6）．

　地震の断層のタイプは大きく分けて3つある．それは水平面を基準にした時のズレのセンスによる区分であり，正断層，逆断層，横ずれ断層がある（図6.7）．正断層は，傾斜している断層面の上部にある岩盤（上盤）が下に動き，傾斜している

断層面の下側にある岩盤（下盤）が上に動くタイプの断層である．一般に断層帯が水平方向に相対的に引っ張られる場で，正断層が生じる．逆断層は，上盤が上に下盤が下に動く断層をさす．一般に，断層帯が水平方向に圧縮される場で，逆断層が生じる．横ずれ断層は断層に沿って水平方向にずれる断層をさす．

　中央海嶺では，双方にプレートが引っ張られるために，正断層の地震が発生する．沈み込み帯では，大陸プレートの下に，海洋プレートが沈み込むために，逆断層の地震が発生する．横ずれ境界

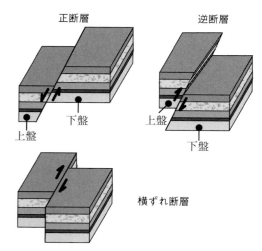

図 6.7　正断層，逆断層，横ずれ断層における断層の動き

では，横ずれ断層の地震が発生する．大地震の多くは，プレート境界近傍で発生し，その大地震のメカニズムはプレート間の相対運動を反映しているといえる．

　一方，ハワイのように，プレート境界とは無関係に火山活動が活発な点が複数ある．この点をホットスポットとよぶ．ホットスポットでは，マントルに深部から物質が上昇してきていると考えられ，その経路はプルームとよばれる．中央海嶺とは異なり，ホットスポットでは，マントルが能動的に上昇しており，その根は，下部マントルと外核の境界に位置すると考えられている．

　プレートテクトニクスでは，海洋プレートは負の浮力により駆動していると考えている．しかし，この負の浮力のみでは，大陸プレートの分裂について説明できない．大陸プレートは効率的に熱を排出できないため，大陸プレート直下に熱が蓄積され，蓄積された熱によって発生したマントル対流や，間欠的に勢いを増したプルーム（スーパープルーム）などが大陸プレートの分裂などの非定常的なプレート運動を引き起こす候補として考えられている．

(2) レオロジーの基礎

　地殻とマントルは，瞬間的には弾性的にふるまうが，非常に長い時間スケールでみると粘性的な変形を起こす．これは，地球物質が弾性的な性質と粘性的な性質を合わせもつからである．弾性体の場合，フックの法則より，力 F と単位長さあたりの変形量である歪み ε の関係式は，

$$F = k\varepsilon \tag{6.1}$$

となる．ここで k は物体の弾性を表現する定数で，値が大きいほど変形しにくい．また，力を取り除くと歪みは解消される．線形粘性流体の場合，力と歪みの関係式は，

$$F = \eta\dot{\varepsilon} \tag{6.2}$$

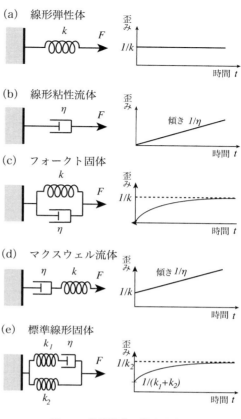

図 6.8　粘弾性体の概念図と
単位力を作用させたときの応答
(a) 弾性体要素のみ　(b) 線形粘性流体要素のみ
(c) フォークト固体　(d) マクスウェル流体
(e) 標準線形固体

となる．ここで，$\dot{\varepsilon}$ は歪み速度，η は粘性率である．粘性率 η が大きいほど歪み速度は小さくなり，変形しにくい．また，力を取り除いても歪みは解消されない．

　弾性体的な要素と粘性流体的な要素をあわせもった物体は**粘弾性体**とよばれ，2つの異なる性質の要素の組み合わせにより，力に対する応答が変化する．弾性体的な要素（図6.8a）と粘性流体的な要素（図6.8b）を並列につないだものを，**フォークト固体**とよぶ（図6.8c）．フォークト固体では，歪みは2つの要素で同じ値に，応力は2つの要素の和になる．したがって，力と歪みの関係式は，

$$F = k\varepsilon + \eta\dot{\varepsilon} \qquad (6.3)$$

となる．単位力を作用させた直後は，穏やかに変形を始め，長い時間をかけて歪みは一定の値となる．弾性体的な要素と粘性流体的な要素を直列につないだものを，**マクスウェル流体**とよぶ（図6.8d）．マクスウェル流体では，応力は2つの要素で一致するが，歪みは2つの要素の和となる．したがって，力と歪みの関係式は，

$$\dot{\varepsilon} = \frac{\dot{F}}{k} + \frac{F}{\eta} \qquad (6.4)$$

となる．単位力を作用させた直後は $1/k$ だけ歪み，その後，$1/\eta$ の割合で歪みは無限大に大きくなり，収束しない．このマクスウェル流体は，アセノスフィアを表現する時によく使用される．

　マクスウェル流体と弾性体的な要素を並列させたものを，**標準線形固体**とよぶ（図6.8e）．この時の力と歪みの関係式は，

$$\dot{F} + \frac{k_1}{\eta}F = (k_1 + k_2)\dot{\varepsilon} + \frac{k_1 k_2}{\eta}\varepsilon \qquad (6.5)$$

となる．単位力を作用させた直後は $1/(k_1+k_2)$ だけ歪み，その後緩やかに変形し，やがて歪みは一定の値 $1/k_2$ に近づく．これは，みる時間によって，物体の弾性的な性質が変わることを意味する．実際に周期によって波の伝播速度が変化する現象が固体地球で観測されている．また，粘弾性体による地震波の非弾性減衰分布が，リソスフィアの下に粘性率が低いアセノスフィアが存在する証拠となった．

（3）アイソスタシーと重力異常

　海に浮かぶ氷山は一角のみが海面に出ており，ほかの部分は，氷山が突き出るための浮力を獲得するために，海面の下に沈んでいる（図6.9a）．海面から突き出ている氷山が大きければ大きいほど，海面に沈んでいる部分の氷山は大きい．同様に，地殻の構成物質はマントルの構成物質より密度が低いために，同じような現象が起こる．つま

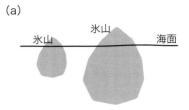

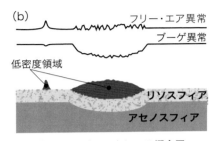

図6.9　アイソスタシーの概念図
（a）氷山が大きいほど，海面の下の根は大きい
（b）アイソスタシーと重力異常の関係

り，高い山ほど地殻は厚くなる．この考えを**アイソスタシー**とよぶ．ここで，流動的にふるまうのはアセノスフィアであることに注意する必要がある．低密度な山がリソスフィアのうえに載っていると考える．小さな山は，リソスフィアの弾性により支えられるために，アイソスタシーが成立せず，大きな山は，リソスフィアの弾性によって支えることができないため，アイソスタシーが成り立つ（図6.9b）．アイソスタシーが成立しているか否かを判断する基準は，重力異常分布である．

　一般に，測地基準システムにより生じる重力を標準重力とよぶ．地球の構造は水平方向に対して変化するために，実測した重力の値と標準重力の値は異なる．実測値と標準重力との差を重力異常とよぶ．重力異常をはかる物差しは2つある．フリー・エア異常とブーゲー異常である．

フリー・エア異常：万有引力は，距離の2乗に比例して減衰する．つまり，重力は地球の中心から離れるほど小さくなる．これは重力を計測した高度によって，重力が変化することを意味する．この高度による効果を取り除いてジオイドにおける重力値に変換することをフリー・エア補正とよ

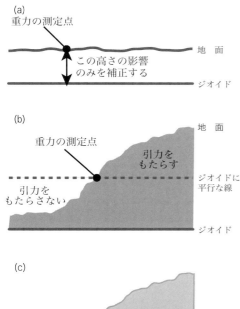

図 6.10　重力補正の概念図
　（a）フリー・エアー補正　（b）地形補正
　（c）ブーゲ補正

ぶ（図 6.10a）．また，補正後の値と基準重力との差をフリー・エア異常とよぶ．

　ブーゲー異常：フリー・エア補正は，高度の補正のみであるために，計測した位置からジオイドまでに存在する物質の質量を考慮していない．また，凸凹している地形の影響も考慮していない．地形の影響を取り除く作業を地形補正（図 6.10b），計測した位置からジオイドまで存在する物質の密度を標準的な岩石密度と仮定して補正する作業をブーゲー補正（図 6.10c）とよび，フリー・エア補正，地形補正，ブーゲー補正を行った値と基準重力との差をブーゲー異常とよぶ．ブーゲー異常が正の値をもつ時，地下に高密度の物質の密度が大きいことを意味し，逆は，地下の物質の密度が軽いことを意味する．

　アイソスタシーが満たされている場合，フリー・エア異常は，高度にかかわらず一定の値となるが，ブーゲー異常は高度と負の相関をもつことになる．海嶺付近でもアイソスタシーが成立しており，時間とともに海洋プレートの平均密度が高くなり海底は沈降してゆく．その結果として海嶺は相対的に盛り上がっている．

（4）プレートの運動学

　プレート運動を表記するためには，相対的な運動を表記する場合と，絶対的な運動を表記する場合がある．1 つのプレートを固定して，そのプレートから見たほかのプレートの運動のことを「相対運動」とよび，あまり動かないもの，たとえばアセノスフィアの下にある流動性が低いメソスフィアから見たプレート運動のことを「絶対運動」とよぶ．絶対運動を記述するおもな座標系は，古地磁気極（地球回転軸）系，ホットスポット基準系，平均リソスフィア（No-net-rotation）系などがある．

　古地磁気極系：地球磁場は，仮想的な双極子磁場で近似でき，その磁極は地球回転軸とほぼ一致する．地球の回転軸は，大規模な物質移動がないと仮定すると，大きく変化しないため，回転軸を基準とできる．ただし，この座標系では，磁極から観測点を結ぶ大円に直交する方向の運動は表現できない．

　ホットスポット基準系：一般に，ホットスポットはマントル深部に根があるプルームが地表に現れたものであり，プルームの位置はメソスフィアのなかで大きく変化することは稀であると考えられている．プルームの出口である地表のホットスポットの移動をトレースすることによりメソスフィアを基準としたプレートの運動を表現できる（図 6.11）．

　平均リソスフィア系：すべてのプレートの運動を足しあわせた平均的な運動を求め，この値がゼロになるように補正してプレート運動を表現するのが平均リソスフィア系である．この基準系は測地学分野でよく使われる．

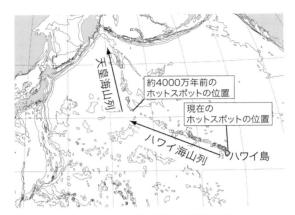

図 6.11　ハワイ海山列と天皇海山列

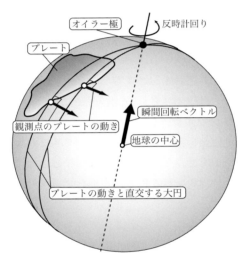

図 6.12　プレートの動きとオイラー極，
瞬間回転ベクトル

　地球面上におけるプレート運動は，地球の中心
を通る 1 つの軸を中心とした回転運動で表現でき
る．この回転軸と地表の交点は二つあるが，その
うち，地表を上から見たとき，回転方向が反時
計周りとなる方の交点をオイラー極とよぶ（図
6.12）．プレートの運動は，相対運動にせよ，絶
対運動にせよ，このオイラー極と，その周りの回
転を求めることにより記述できる．
　プレート運動の速度は，オイラー極の位置と回
転速度によって表現することができるが，地球中
心からオイラー極の方向を向き，スカラー量が角

速度になる瞬間回転ベクトル（またはオイラーベ
クトル）で表現するのが一般的である．プレート
運動の年間あたりの速度は数 cm と地球の半径に
比べて十分に小さいために，プレート運動による
回転は無限小回転として取り扱うことができる．
無限小回転として取り扱える場合，回転ベクトル
の足し算，引き算が可能となる．かりに，3 つの
プレート（プレート A，プレート B，プレート C）
が存在したとき，プレート A から見たプレート
C の瞬間回転ベクトルを $_A\omega_C$ とすると，

$$_A\boldsymbol{\omega}_C = {}_A\boldsymbol{\omega}_B + {}_B\boldsymbol{\omega}_C \tag{6.6}$$

が成り立つ．つまり，プレート A から見たプレー
ト C の動きは，プレート A からプレート B を，
さらにプレート B からプレート C を見た動きと
一致する．3 つ以上のプレートが存在するときも，
同様に扱える．
　次に，プレートの相対運動のオイラー極を決定
する方法について考える．プレート境界で，二つ
の地点の相対運動の方向が明らかになったとす
る．オイラー極は，相対運動方向に直交する大
円上に存在するので，二つの点で観測された運動
方向と直行する大円が交わる点が極となる（図
6.12）．このオイラー極と，1 カ所以上のプレート
の相対速度から，角速度が定まる．プレート境界
で発生する地震のすべりベクトルなどからもオイ
ラー極を求めることが可能である．ただし，沈み
込み帯で発生する逆断層型地震のすべりベクトル
は地表の影響強く受けるため，斜め方向に海洋プ
レートが沈み込む場合は得られるオイラー極が系
統的にずれることに注意が必要である．

(5) プレート運動の観測

　近年の宇宙技術の進歩に伴い，地表の変動を正
確に求めることが可能になりつつある．ここでは，
VLBI 観測と GPS 観測とによる地表の変動観測に
ついて説明する．
　VLBI 観測（Very Long Baseline Interferometry）：

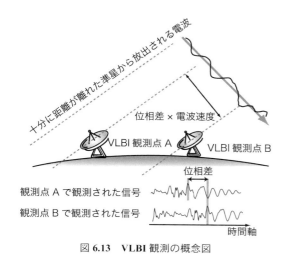

図 **6.13**　**VLBI** 観測の概念図

一般に，十分に離れている準星（クエーサー）からの電磁波は，平面波として地球に入射し，同じ形の波となる．準星とは，強い電磁波を放射し，見かけは恒星に似ている天体のことである．異なる観測点で，同一準星からの電磁波を観測すると，天体からの距離に依存した波の遅れ（位相差）を検出できる（図 6.13）．この位相差に電磁波伝播速度をかけると，準星から電波が入射した方向における観測点間の距離を求めることができる．位相差を連続観測することにより，観測点間の距離の変化を求めることができる．さらに，3 点以上の準星からの電磁波を観測することができれば，三次元的な相対位置の変化を観測することができる．VLBI 観測では，数千 km の観測点間の距離

に対して誤差が数 mm 程度となり，プレートの運動が正確に求められる．

GPS 観測（Global Positioning System）：GPS はアメリカ合衆国が開発した，人工衛星（GPS 衛星）を使い位置を決めるシステムである．地上約 2 万 km の円軌道をほぼ 12 時間周期で周回している GPS 衛星は，原子時計による正確な時間と衛星位置の情報を有する信号を出している．この信号を使用して受信点の位置を決めることができる．さまざまな GPS を使用した測量があるが，ここでは，単独測位と相対測位について説明する．

1 台の受信器で位置を決める方法を単独測位とよぶ（図 6.14）．GPS 衛星の信号を受信したとき，既知の情報は GPS 衛星の位置と電波の発信時間である．未知の情報は，電波を受信した時間と位置情報である緯度，経度，高度の 4 つである．発信から受信までかかった時間と，理論的に計算できる伝播時間の差が最小になるよう，未知な値を求めることができる．1 つの GPS 衛星に対して 1 つの関係式となるので，4 つ以上の GPS 衛星の電波を受信できれば，受信点の位置と受信時間が特定できる．この単位測量は，車のナビゲーションシステムなどに使われており，誤差は 10m 程度である．ちなみに，GPS 衛星の軌道と個数は，地球上で常時 4 つ以上の GPS 衛星の信号を受信できるように設計されている．

2 台以上の受信器で GPS 衛星から送られてくる

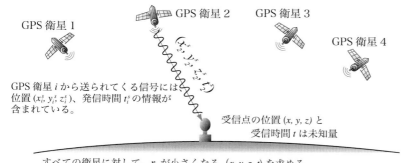

GPS 衛星 1

GPS 衛星 2

GPS 衛星 3

GPS 衛星 4

GPS 衛星 i から送られてくる信号には，位置（x_i^s, y_i^s, z_i^s），発信時間 t_i^s の情報が含まれている。

受信点の位置 (x, y, z) と受信時間 t は未知量

すべての衛星に対して、r_i が小さくなる (x, y, z, t) を求める

$$r_i = t_i^s - [\ t - f(x, y, z, x_i^s, y_i^s, z_i^s, v)\ ]$$

衛星から受信点まで伝搬に要する時間

図 **6.14**　**GPS** 衛星を利用した単位測量の概念図

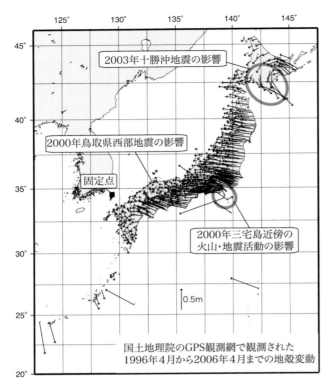

図 6.15　国土地理院の GPS 観測網によって観測された
地殻変動

信号の位相差を測定して，相対的な位置を求める
方法を相対測位とよぶ．GPS で位置を決めるとき
の主要な誤差要因は，GPS 衛星の軌道の誤差と大
気状況に依存する信号の伝播速度の乱れである．
かりに，同一の GPS 衛星から発せられ，似た経
路を通過した信号を，2 つ以上の受信機で観測す
ると，すべての観測データには似た誤差が含まれ
る．したがって，二つ以上の観測データの位相差
をとると，誤差を軽減することができる．結果と
して，10 km の観測点間の距離に対して 1 cm 程
度の誤差で，相対的な位置をはかることができる．
　図 6.15 に，国土地理院の観測網によって明ら
かになった地殻変動を示す．プレートの沈み込み
や地震・火山活動に伴い，日本列島が変形してい
る様子を明瞭に捉えることができる．このような
GPS 記録より，プレート境界にて，どのような
現象が起こっているのか明らかになりつつある．

近年になって，準天頂衛星やアメリカ以外の衛
星データも使用して測量することが可能になっ
た．これらを使用した衛星測位システムの総称を
GNSS（Global Navigation Satellite System）とよぶ．

（6）プレートテクトニクスの地球科学的意義

　上で述べたように，地球の表層では，数 10 km
から 100 km 程度の厚さのリソスフィア（＝プレー
ト）が中央海嶺で生産され，水平方向に移動し，
沈み込み帯でマントルの深部へと沈み込んでいく
ことで，物質の移動が生じている．プレート内部
では，上下方向の変動はあったとしても，水平方
向の変動はトランスフォーム境界付近を除いてあ
まりない．
　海洋プレートは沈み込み帯に近づくと，海溝へ
向かって約 5〜10° の角度で傾斜していく．その
時に，海溝とほぼ平行，ある場合はかつての中央
海嶺の拡大軸に平行に正断層が形成される．こ
の正断層は時として非常に大規模に形成される．
1933 年の三陸沖の地震はこのタイプで，地震の
規模を表すマグニチュードは 8.5 に達するといわ
れており，三陸地方に大津波をもたらした．この
プレートが沈み込んで行くさまは，あたかも下り
のエスカレーターの初めの部分とよく似ている．
　海溝に達してからも，傾斜角はしだいに増して
行き，やがては平均すると 45° 程度の角度で 600
〜700 km の深さまでもぐりこむ．その角度は場所
によって異なり，海洋プレートの時代が新しいと
低角度（中米沖，チリ沖など）となり，また逆に
古いと高角度でほとんど 90°（マリアナ沖，ト
ンガ沖など）となる．このプレートの沈み込み面
にほぼ平行な地震発生の領域は，深発地震面とよ
ばれ，プレートテクトニクスが知られるはるか以
前の 1920 年代に，日本の和達清夫によって知ら
れたもので，「和達・ベニオフゾーン」として知
られている．深発地震が発生する深さの上限は，
沈み込むプレートの温度によって変化し，低温で
あるほど深発で地震が発生する．

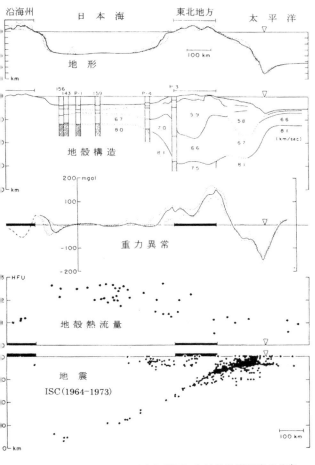

図 6.16　東北日本弧に垂直な断面における地学要素の分布
吉井（1977）.

大陸の内部にも，現在開きつつあるプレート境界や，横ずれ境界もある．それらの境界は，ほかの場所とは，地震活動が高いことにより区別される．つまりプレートの境界は，集中的に起きる地震の配列で定義づけられるということができる．地震を起こすほどのエネルギーはプレート境界に集中するといってもよい．

拡大境界である中央海嶺では，拡大が対称的であるが，現象は非対称の場合，たとえば，正断層がどちらかの側にしかできないということもある．すべての現象が非対称なのは，沈み込み境界である．ここでは，沈み込みによって，重力の負の異常が大陸側に生じる．また，沈み込みは，プレートが冷えて重たくなったために起きるわけであるから，沈み込む側（大陸あるいは島弧側）は，冷やされる．その結果，地殻温度勾配が非対称となる．地震の分布は，海溝より大陸側にほとんど限られる．海洋側では，先に述べたエスカレーターの正断層がおもに発生する．また，沈み込むプレートが海洋から水を大陸側に持ち込むので，そこでは，温度勾配は低くても，マントルの部分溶融を引き起こすので，マグマが形成される．島弧の火山活動はそれによるものである．このような非対称は，とくに日本海溝で典型的に現れている（図 6.16）．

第7章　応力・歪み・変形・破壊

(1) 応力

地球のような体積をもつ連続体に作用する力を表現するものは，**応力**（ストレス）である．単純化するために，半径 r，長さ l の円柱を考える（図7.1）．この円柱を力 F で引っ張った時，単位面積に作用する力である応力は $F/\pi r^2$ となる．ここで，大きな変形がおき，円柱の半径の変化が r から r' に変化し，その変化量が無視できない場合，応力は，$F/\pi r'^2$ となる．次に三次元で考える（図7.2）．無限に均質な媒質中の任意の微小平面 ds に作用する力（ベクトル量）を dF とすると，応力はベクトル量となり，

$$T = \frac{dF}{ds} \tag{7.1}$$

となる．ここで，微小平面に対して垂直に働く応力を垂直応力，平面をずらすように働く応力をせん断応力とよぶ．一般に，垂直応力は，引張方向を正，圧縮方向を負とするが，地質学では，圧縮方向を正，引張方向を負とすることが多いので注意を要する．

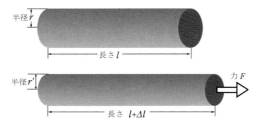

図 7.1　円柱に力 F を作用させたときの円柱の変形

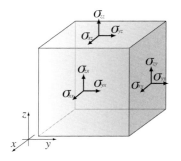

図 7.3　微小立方体にかかる応力

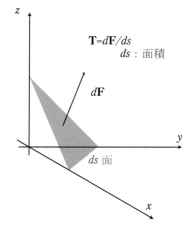

図 7.2　微小平面 **ds** に作用する力と応力

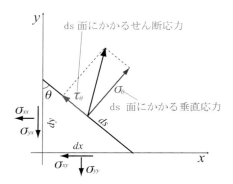

図 7.4　**ds** 面の作用する垂直応力とせん断応力

　さて，（図7.3）のような立方体を考える．ここで，σ_{ij} を j 軸に垂直な面に作用する i 軸方向の力とする．$i=j$ の時は垂直応力に，$i \neq j$ の時はせん断力となる．したがって，立方体に働く応力は，垂直応力が 3 成分，せん断応力が 6 成分となる．σ_{ij} を応力テンソルとよぶ．ここで，応力テンソルは対称性を有するので，$\sigma_{ij}=\sigma_{ji}$ が成立する．

　二次元（xy 平面）で考える時，垂直応力は σ_{xx}，σ_{yy}，せん断応力は σ_{xy}，σ_{yx} のみとなる．図 7.4 のように y 軸から θ だけ回転した線に作用する垂直応力 σ_θ とせん断応力 τ_θ は，力の釣り合いを考えると，

$$\sigma_\theta = \sigma_{xx}\frac{dy}{ds}\cos\theta + \sigma_{yx}\frac{dy}{ds}\sin\theta$$

$$+ \sigma_{yy}\frac{dx}{ds}\sin\theta + \sigma_{xy}\frac{dx}{ds}\cos\theta$$

$$= \frac{\sigma_{xx}+\sigma_{yy}}{2} + \frac{\sigma_{xx}-\sigma_{yy}}{2}\cos2\theta + \sigma_{xy}\sin2\theta \quad (7.2)$$

$$\tau_\theta = -\sigma_{xx}\frac{dy}{ds}\sin\theta + \sigma_{yx}\frac{dy}{ds}\cos\theta$$

$$+\sigma_{yy}\frac{dx}{ds}\cos\theta - \sigma_{xy}\frac{dx}{ds}\sin\theta$$

$$= -\frac{\sigma_{xx}-\sigma_{yy}}{2}\sin2\theta + \sigma_{xy}\cos2\theta \quad (7.3)$$

となる．式の変形には，2 倍角の公式を使用している．ここで，角度 θ の変化によって，面にかかる垂直応力とせん断応力は変化する．一般に最大もしくは最小となる垂直応力を主応力とよび，最大・最小となるせん断応力を主せん断応力とよぶ．次に，主応力となる角度 θ を求めることを考える．垂直応力 σ_θ は角度 θ に対する微分が 0 の時極値をとるので，$d\sigma_\theta/d\theta = 0$ とおくと，式7.2 より

$$tan2\theta = \frac{2\sigma_{xy}}{\sigma_{xx}-\sigma_{yy}} \quad 7.4)$$

となる．このときの主応力の最大 σ_1，最小値 σ_2 とせん断応力 τ_θ は

$$\sigma_1 = \frac{\sigma_{xx} + \sigma_{yy}}{2} + \sqrt{\left(\frac{\sigma_{xx} - \sigma_{yy}}{2}\right)^2 - \sigma_{xy}{}^2} \qquad (7.5)$$

$$\sigma_2 = \frac{\sigma_{xx} + \sigma_{yy}}{2} - \sqrt{\left(\frac{\sigma_{xx} - \sigma_{yy}}{2}\right)^2 - \sigma_{xy}{}^2} \qquad (7.6)$$

$$\tau_\theta = 0 \qquad (7.7)$$

となる．つまり，主応力方向に軸をとると，軸に
垂直または平行な面に作用するせん断応力はゼロ
となる．行列の対角化との関係を考えると，主応
力が固有値に対応し，軸の方向が固有ベクトルに
対応することになる．主応力が最大となる軸を y
軸，最小となる軸を x 軸にとると，式 7.2，式 7.3
より，

$$\sigma_\theta = \frac{\sigma_1 + \sigma_2}{2} - \frac{\sigma_1 - \sigma_2}{2}\cos 2\theta \qquad (7.8)$$

$$\tau_\theta = \frac{\sigma_1 - \sigma_2}{2}\sin 2\theta \qquad (7.9)$$

となる．横軸に τ_θ 縦軸に σ_θ をとり応力が取り
得る範囲を考えると，垂直応力・せん断応力はつ
ねに中心 [$(\sigma_1 + \sigma_2)/2, 0$]，半径 $(\sigma_1 - \sigma_2)$ の円上に位
置することがわかる（図 7.5）．この円を**モール円**
とよぶ．せん断応力の値は，σ_θ 軸上の σ_2 から 2θ
だけ時計回りに回転させた τ_θ 軸の値となる．つ
まり，主せん断力は，主応力軸から 45 度回転し
た面で求まり，その時の応力の値は，

$$\tau_\theta{}^{max,min} = \pm\frac{\sigma_1 - \sigma_2}{2} \qquad (7.10)$$

$$\sigma_\theta = \frac{\sigma_1 + \sigma_2}{2} \qquad (7.11)$$

となる．ここで，$\tau_\theta{}^{(max,min)}$ はそれぞれ主せん断
応力の最大値と最小値に対応する．

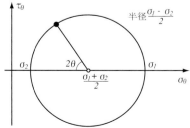

図 7.5　モール円

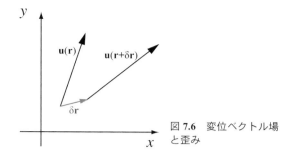

図 7.6　変位ベクトル場
と歪み

ここまで一般的な連続体力学の慣例に従い，引
張方向を正ととり，議論してきた．地質学の慣例
に従い，圧縮方向を性とした場合も，先の議論と
同じ手順で，モール円を導出することができる．

2）歪み

歪み（ストレイン）は，物体の変形の大きさを
はかる物差しであり，単位長さあたりの変形量で
ある．長さ 1 の棒の微小歪みを考える（図 7.1）．
ある力を作用させたとき，棒が Δl だけ変形した
とする．歪みは単位長さあたりの変化量なので，
変形量を全体の長さで割った値，$\Delta l / l$ で与えら
れる．棒自体の長さが変化する効果は，微小変形
の場合は無視できるが，大変形を起こした場合は
無視できない．大変形問題を扱う場合，長さの変
化を考慮した歪み「自然歪み（真歪み）」を使用
する．自然歪みは，力を作用させた瞬間瞬間の歪
み量を積分した式，

$$\varepsilon = \int_l^{l+\Delta l} \frac{dx}{x} = ln\frac{l + \Delta l}{l} \qquad (7.12)$$

で与えられる．

次に二次元（xy 平面）で考える（図 7.6）．あ
る点 **r** での変位場 **u(r)** が与えられた場合，点 r と
微小量ずれた点 **r** + **δr** との相対変位は，テーラー
展開を行い高次の項を無視すると

$$\delta\boldsymbol{u} = \boldsymbol{u}(\boldsymbol{r} + \delta\boldsymbol{r}) - \boldsymbol{u}(\boldsymbol{r})$$
$$= \boldsymbol{u}(\boldsymbol{r}) + \boldsymbol{D}\delta\boldsymbol{r} - \boldsymbol{u}(\boldsymbol{r}) = \boldsymbol{D}\delta\boldsymbol{r} \qquad (7.13)$$

$$\boldsymbol{D} = \begin{pmatrix} u_{x,x} & u_{x,y} \\ u_{y,x} & u_{x,x} \end{pmatrix} \qquad (7.14)$$

と書ける．ここで，$u_{x,y}$ は，変位 u の x 成分を y 軸方向で偏微分したものである．行列 D には，内部の歪みの成分と剛体回転の成分が含まれる．行列 D は対称行列と反対称行列に分けることができる．この時の対称行列が内部の歪み成分に，反対称行列が剛体回転成分に対応する．したがって内部の歪み成分は，

$$\varepsilon_{ij} = \frac{1}{2}\left(u_{i,j} + u_{j,i}\right) \qquad (7.15)$$

となり，剛体回転成分は，

$$\omega_{ij} = \frac{1}{2}\left(u_{i,j} - u_{j,i}\right) \qquad (7.16)$$

となる．ε_{ij} を歪みテンソルとよぶ．$i = j$ の時は垂直歪みに，$i \neq j$ の時はせん断歪みとなる．応力と同様の議論で，適切に軸を回転すると軸に垂直な面上でのせん断歪みが存在しなくなる．この時の垂直歪みを主歪みとよぶ．

3) 変形・破壊

　固体の変形と破壊について考える．固体に応力を作用させると，応力に応じて固体は変形する．応力が小さい間は，応力を取り除くと形も元に戻る．このような性質を**弾性**とよび，応力を取り除くと元の形に戻ることを弾性変形とよぶ．作用させる応力が大きくなると，応力を取り除いても形は元に戻らなくなり，永久的な変形が観測される．一般にこのような変形を塑性変形とよび，固体の性質を**塑性**とよぶ．ここで，永久的な変形が残るのは，原子どうしのつながりが変化して，新しい

安定な原子配列に変化したことが原因である．一部の物体は，塑性変形をほとんど伴わないで破壊する．このような破壊を脆性破壊とよび，その性質を**脆性**とよぶ．一般に，陶器やガラスは，常温下で脆性的な性質を持ち，金属素材は塑性的な性質をもつ．

　さまざまな破壊・降伏条件があるが，ここでは，岩石が脆性破壊を開始する応力条件として**クーロンの破壊基準**を，塑性変形を開始する応力条件として**トレスカの降伏条件**について説明する．クーロンの破壊基準は，あらかじめ弱面が存在し，その面の強度は面の垂直応力 σ_n（圧縮方向を正としている）に比例すると考えている．破壊は，剪断応力が強度に達した時に開始する．弱面の摩擦強度 τ_{fr} は，

$$\tau_{fr} = \mu\sigma_n \qquad (7.17)$$

となる．ここで，μ は，静的な摩擦係数である．弱面が固着している（くっついている）とすると，弱面のもつ強度は摩擦強度＋固着力となる．弱面がずれるために必要な応力（強度）は，

$$\tau_s = \tau_0 + \tau_{fr} = \tau_0 + \mu\sigma_n \qquad (7.18)$$

となる．ここで τ_0 は固着力である．圧縮方向を正としてモール円を書き直すと，図 7.7 のようになる．また，クーロンの破壊基準は，傾き μ，切片 τ_0 の直線となり，円と直線が交わる点で破壊が起こる．μ を一般的な岩石の摩擦係数 0.6 とすると，arctan 0.6 = 30.96° なので，破壊は主圧縮

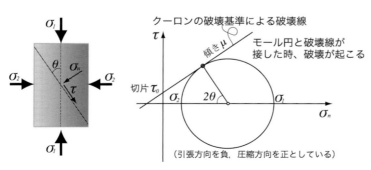

図 7.7　物体を圧縮したときのモール円とクーロンの破壊基準による破壊線

軸から約 30° 傾いた面で起こる．ミクロな視点でみると，弱面では，接触している領域と接触していない領域が存在し，接触している領域はそうでない領域より十分に小さい．かりに，弱面の隙間に流体が存在し，その流体圧（間隙水圧）を P とすると，弱面がずれるために必要な応力は，

$$\tau_s = \tau_0 + \tau_{fr} = \tau_0 + \mu(\sigma_n - P) \qquad (7.19)$$

となる．つまり，流体圧は弱面の強度を下げる効果がある．

　トレスカの降伏条件は，物体に作用する最大せん断応力が，物体固有の値に達した時に物体が降伏し，塑性変形を始めるという考え方に基づいている．弱面の存在を考慮に入れていないので，強度は物体の強度そのものの値となる．また，最大せん断応力のみに支配されるので，二次元で考えると，変形を起こす面は主応力軸から 45° 傾いた面となる．これとはほかにミーゼスの降伏条件というものがあり，せん断歪みエネルギーが物体固有の値に達した時に，物体が降伏すると考えている．

(4) 岩石の変形・破壊

　岩石は，地殻の内部に詰まっているので，周辺から圧力を受けている．この圧力は，圧縮方向にはたらく応力である．そのため，地質学では圧縮方向を正として議論を行っている．固有ベクトルが軸になるように適切に回転できれば，立方体に作用する応力は垂直応力のみで表現できる．この時の垂直応力が主応力である．3 方向の主応力の値を大きな順から，σ_1，σ_2，σ_3 とする．平均垂直圧力（σ_m）は，主応力の平均になるので，

$$\sigma_m = \frac{\sigma_1 + \sigma_2 + \sigma_3}{3} \qquad (7.20)$$

となる．平均垂直圧力が，物質の体積変化にかかわってくる．地震の発生や褶曲の形成にかかわる応力の成分は偏差応力テンソル $\boldsymbol{\sigma'}$ で，応力テンソルの対角成分から平均垂直圧力を引いたもので

ある．

$$\boldsymbol{\sigma'} = \boldsymbol{\sigma} - \sigma_m \boldsymbol{I} \qquad (7.21)$$

　たとえば，正断層型の地震は，全方向から圧縮されている場であるが，偏差応力テンソルでみると水平方向に引っ張りの力が作用している場で発生している．

　どのように変形したのかは，前もって形のわかっているもの（化石や球状の物体）の変形後の形を調べることによって推定できる．地層や岩石が受けた変形の有様は，一般の泥岩などが，地層に平行にはがれやすくなっていたり，褶曲の軸部と翼部で，微小構造が異なっていたりすることから，変形履歴を推定できる．さらに，深いところまで埋没し，その後上昇した岩石は，変成岩となって，あるものは片理をもち，激しく褶曲して，あたかも流れたような様相を呈していることから，変形履歴を推定することが可能となる．

　条件によって異なる変形の様子（変形様式）は，実験から明らかになっている．地質時代のように実験で再現できない時間の長さや，条件（高温，高圧など）での変形様式は，室内実験で完全に再現するのはむずかしい場合が多いが，条件を外挿することによって，推論することができる．

　さまざまな実験があるが，数 cm 程度の直径で，その 2 倍の高さの円柱状の岩石試料を用いて，周囲から封圧を掛け，上下から圧縮する実験が良く行われている．このような実験では，二つの主応力に $\sigma_2 = \sigma_3$ の関係が成り立つため変形は軸の周りに対照的になるが，試料の作成が比較的容易である．

　図 7.7 に異なる条件下における大理石の変形様式の変化について示す．地殻の浅いところの条件下，すなわち低封圧下かつ低温度では，一般に引っ張り割れ目を形成して，脆性破壊する（図 7.8a）．これは地質現象では，伸張節理に相当する．封圧をしだいにあげてゆくと（より深い条件），剪断割れ目やずれの面で破壊が起きるようにな

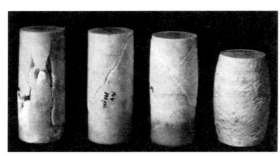

図 7.8　さまざまな封圧下における岩石（大理石）の
変形の様式（左から **a, b, c, d**）

Paterson（1958）による.
　a：一軸応力状態での縦割れ破壊
　b：封圧 3.5MPa におけるせん断破壊
　c：封圧 35MPa における共役なせん断破壊
　d：封圧 100 MPa における延性的な変形.

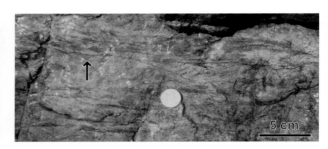

図 7.9　福島県の畑川破砕帯で観測される
シュードタキライト

黒く見える細線（矢印参照）は，白亜紀後期に
起きた内陸地震を物語っている．滝沢茂氏提供.

る（図 7.8b）．これは，地質現象では，剪断節理と断層に相当する．さらに封圧を上げると，断層が幅をもつようになり，破壊というよりも流動的な変形となり，延性流動の変形様式となる．さらに深い条件では，明瞭な破壊面をつくらずに，ビヤダル状に流動変形する（図 7.8d）．

　一方，条件を変えて温度を上げてゆくと，変形様式は，脆性から延性に変化し，また強度が低下する．高温ほど流動しやすいためである．地殻の内部では，深くなるほど封圧は増大し，温度も増加する．岩石の性質，水の存在，歪速度の条件でも変形様式は変るので，一概には言えないが，一般には深いほど岩石は脆性破壊から延性流動へと変化する．

　温度勾配の低い地域と高い地域では，等しい深さでも変形様式は大きく異なる．温度勾配が低い地域（付加体など）では，差応力が大きいにもか

かわらず温度は低いので，数 km 程度でも，節理や断層が生じて，地層が分断化し，たとえば砂泥互層がレンズ状に変形することが多い．逆に温度勾配が高い地域では，比較的浅い条件でも流動的な変形をすることが多く，たとえば砂泥互層にはスレートへき開をもつ褶曲をとることも多い．地殻の深部の 10〜30 km では，多くの岩石が流動して，片岩などになっていると考えられている．

　地表に現れた断層帯に黒色でガラス光沢のある脈状の岩石が観察されることがある．この岩石は**シュードタキライト**とよばれ，地震断層の高速破壊で岩石が細かく粉砕される，もしくは，摩擦熱で溶融した後に急冷されて形成されたと考えられている（図 7.9）．世界的にはイギリスのアウターヘブリデス断層のシュードタキライトが有名で，日本でも各地の断層帯から見つかっている．阪神・淡路大震災を引き起こした断層（野島断層）からも発見されている.

第8章 地 震

(1) 地震現象

　地震とは，地下で急激な運動が起こり，地震の波が発生する現象のことである．一般的な地震現象の場合，急激な運動は地下の断層のずれにあたる．地殻やマントル内での急激な変動そのものを意味する場合は「地震」，その地震による揺れを意味するときは「地震動」と記述するのが一般的である．ただし，断層近傍の地震動によって新たな断層破壊が生じることを考慮すると，地震と地震動を完全に分けて議論する際は注意する必要がある．

　地震を表現する基本的な情報は，震源，震源時，**マグニチュード**（M）である．地震は1点から破壊が開始し，断層全体に破壊が広がる．この破壊の開始点を震源とよび，破壊が開始した時刻を震源時とよぶ．地震時に破壊した領域を震源域とよぶ．従来は，大地震が発生したあと発生する地震（余震）の発生領域（余震域）を震源域とよぶことが多かったが，余震域と震源域は必ずしも一致しない．

　マグニチュードは，地震の大きさをはかる物差しで，推定する方法は大きく分けて二つある．地震により発生した波（地震波）の強さではかる方法と，地震モーメントから推定する方法である．地震波は震源域から離れるほど小さくなり，地震規模が大きいほど大きな波になる．つまり，地震から観測点がどのくらい離れているかを測り，波が小さくなった効果を補正すると，震源周辺での地震波の強さをはかることができる．地震波には，地球内部を伝わる波（実体波）と，地球表面に沿って伝わる波（表面波）があり，それぞれの波で伝わり方がちがう．それぞれの波の最大振幅と周期の比よりマグニチュードを決定したのが，実体波マグニチュード（m_B）や表面波マグニチュード（M_S）である（図8.1）．一方で，震源に近い観測点では，実体波と表面

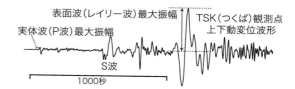

図 8.1 つくば（防災科学技術研究所 F-net 観測点）で観測した 2005 年パキスタン地震の上下動変位波形
P 波とレイリー波の最大振幅からマグニチュードが求まる．

波を分けることがむずかしい．そこで，それぞれの観測点の最大振幅で決定したのが，ローカルマグニチュード（M_L）や，日本ではよく使用される気象庁マグニチュード（M_{JMA}）である．地震モーメント（M_0）は，剛性率，断層の面積，平均的なすべり量をかけ合わせたもので，断層運動に対応する力の大きさに対応している．おおよそ断層運動の規模に比例して大きくなる．地震モーメントと地震のエネルギーの関係式と表面波マグニチュードと地震のエネルギーの関係式を統合して，地震モーメントから直接マグニチュードを求めることができ，このように求めたマグニチュードをモーメントマグニチュード（M_W）とよぶ．モーメントマグニチュードが1大きくなると，地震モーメントは，$10^{1.5}$倍つまり約32倍大きくなる．一般に，断層の長さ（L），幅（W），平均すべり量（$\bar{D}$）には$L \propto W \propto \bar{D}$というスケーリング則が成立しており，モーメントマグニチュードが1大きくなると，L，W，$\bar{D}$はそれぞれ約3倍になる（図8.2）．震源や震源

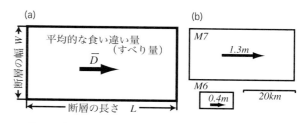

図 8.2 矩形断層モデル（**a**）と，断層の大きさの比較（**b**）

時は，時間と空間方向に広がりをもつ断層運動の始まりの点の情報にすぎない．マグニチュード9程度の地震になると，断層の幅は数百〜千km程度になり，破壊継続時間は百秒を超えるので，地震を点の情報で代表させるのは必ずしも適切ではない．地震現象や地震動による被害分布，津波現象を理解するには断層運動の情報が欠かせない．

(2) 地震活動

　地震活動は，ランダムに発生する背景地震の活動と，時間と空間に固まって発生する地震活動（地震群）で構成されている．固まって発生する地震活動の中で最も大きい地震を本震，本震前に発生している地震を前震，本震後に発生している地震を余震とよぶ．同規模の地震が立て続けに発生している場合は，一連の活動を群発地震とよび，本震などを定義しないのが一般的である．前震は本震の震源付近で発生し，約40%の地震は前震活動を伴っている．余震の発生頻度は，本震の震源時からの時間におおよそ反比例して減衰することが知られており，改良大森公式とよばれる式で表現できる．

　一般に，大きな地震が発生するのは稀だが，小さな地震は頻繁に起きる．マグニチュードの頻度分布はグーデンベルグ・リヒターの式（G-R式）で説明できる場合が多い．マグニチュード M の地震が発生する頻度を $n(M)$ とすると，G-R式は，

$$\log n(M) = a - b M \qquad (8.1)$$

とかける．ここで，a と b は地震活動の特徴を表現する定数である．とくに b は b 値とよばれ，地震が大きくなりやすい（破壊が成長しやすい）度合いと関係している．全世界で発生している地震の頻度分布（図8.3）をみてみると b 値はおおよそ1なので，M7の地震が10回起きている場合，M6の地震は100回起きていることになる．b 値は地域によって異なり，それぞれの地域の地震活

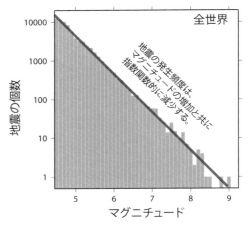

図8.3　全世界で発生した地震の
マグニチュードの頻度分布
gCMTカタログを用いて作成．

動を特徴づけている．たとえば火山地域の b 値は大きくなる傾向があり，2に達する場合がある．これは，温度や物質が不均一であり，複雑な構造により破壊の成長が妨げられやすいと解釈することができる．b 値は時間変化することが知られており，b 値の変化と応力変化を関連づけて議論される場合もある．また，前震活動の b 値の値が大きくなる傾向も指摘されてもいる．ただし，2011年東北地方太平洋地震のように地震前の b 値が有意に上昇する場合がある一方で，前震活動の b 値が有意に上昇しない場合もあることに留意が必要である．

(3) 震源メカニズム

　震源メカニズムとは，地震波が励起されるメカニズムのことである．一般に，断層運動は，地震が発生した地点の応力状態に強く影響を受けている．断層が地表に到達している場合，地表調査により，どのタイプの断層かを調べることができる．しかし，断層は地表に到達していない場合が多く，地表調査からは断層運動について調べることは困難である．地震波形から震源メカニズムを求めることができれば，断層運動の特徴を推定することができる．

(a) P 波の動き

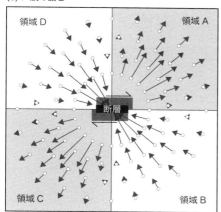

(b) S 波の動き（ベクトルの大きさは P 波の 1/5 倍）

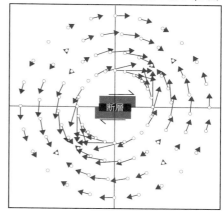

図 8.4　断層の動きと地震動の関係
（a）P 波の変位ベクトル．（b）S 波の変位ベクトル．

　図 8.4 のような横ずれ断層が動いた時について考える．まず，領域 A と C を通る P 波を考える．断層のずれにより，押し出される領域なので，疎密波である P 波の初動は，外に押し出される形となる．逆に，領域 B と D を通る P 波の初動は，中に引き込まれるような形になる．つまり，押し引き分布により，4 つの領域に分けることができる．

　次に，震源域を点と見なし（点震源モデル），その点を中心とする球（震源球）を考える．震源球に押し引きの分布をプロットすると，4 つの領域に分けることができる（図 8.5）．4 つの領域を分ける平面は 2 つあるが，そのうちの 1 つが断層面となる．もう 1 つの面は，補助面とよばれる．この球は三次元であるが，投影法を用いて二次元平面で表現することができる．震源球の下半球を，面積が等しくなる様に投影（等積投影）して震源メカニズムを表現することができる．震源メカニズム解から，正断層・逆断層・横ずれ断層のいずれであるか判断することができる（図 8.6）．

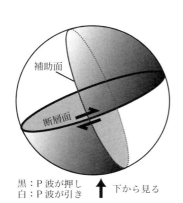

黒：P 波が押し　　↑　下から見る
白：P 波が引き

図 8.5　3 次元的に見た震源メカ

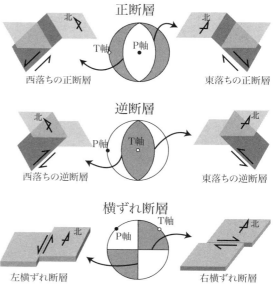

図 8.6　正断層，逆断層，横ずれ断層における
震源メカニズム解と断層の動き

　震源から押しの領域の中心を結ぶ軸をT軸，震源から引きの領域の中心を結ぶ軸をP軸とよぶ．P軸は観測点からみると震源方向に引っ張られる軸だが，震源からみるとまわりから押されている軸となる．このことから震源にはP軸近傍の方向から圧縮されていると解釈することができる．最も圧縮されている方向を示す最大主応力軸と破壊面（断層面）の角度は，摩擦係数に左右される（図7.7参照）．かりに摩擦係数が0.4〜0.6とすると主圧縮軸と断層面のなす角度は，30°〜35°程度となる．P軸と断層面（破壊面）のなす角度は45°なので，P軸は主応力軸から10°〜15°程度ずれていることになる．

（4）日本を例とした沈み込み帯の地震活動

　日本では，太平洋プレートとフィリピン海プレートが日本列島の下に沈み込んでおり，プレート境界で，大地震が発生する．図8.7に日本周辺

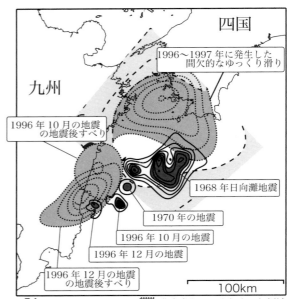

図8.8　日向灘における，定常的ゆっくり滑り領域，地震滑り領域，非定常なゆっくり滑り領域の分布 Yagi and Kikuchi（2003）.

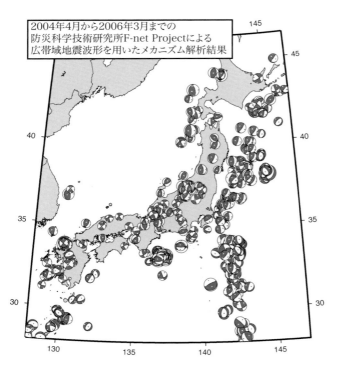

図8.7　防災科学技術研究所 **F-net Project** によって決定された震源メカニズム解の分布

の震源メカニズム解を示す．M8〜9クラスの巨大地震は，南海トラフや日本海溝沿いのプレート境界に沿って発生し，これらの地震の震源メカニズム解は，逆断層型となり，滑りの方向はプレートの沈み込み方向と一致する．最近の研究により，プレート境界では，定常的に滑る領域，地震により急激に滑る領域，間欠的にゆっくりと滑る領域に分けられることが明らかになりつつある（図8.8）．地震が発生する領域や間欠的にゆっくりと滑る領域では，通常は海洋プレートと大陸プレートが固着しているが，定常的に滑る領域では，固着していない．結果として，固着している領域に歪みが蓄積して，地震や間欠的なゆっくり滑りのようなイベントが発生する．

　内陸で発生するプレート内地震は，しばしば直下型地震とよばれ，甚大な被害をもたらす．これらは，おもに15km以浅の上部地殻で発生してい

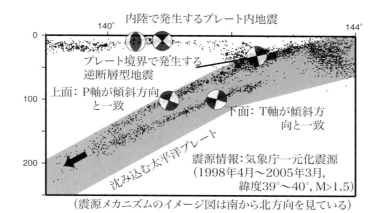

（震源メカニズムのイメージ図は南から北方向を見ている）

図 8.9　震源分布の東西断面図と，震源メカニズム解
震源情報は，気象庁一元化震源を使用している．また，震源
メカニズム解は南から北方向を見たイメージ図であり，実際
に観測された震源メカニズム解ではない．

る（図 8.9）．内陸のプレート内地震の P 軸は，伊豆半島をのぞけば，東西方向を向いている場合が多い．これは，太平洋プレートが日本列島を東西方向に押しているのが原因だと考えることができる．伊豆半島では，P 軸は南北方向を向く．これは，伊豆半島が日本列島と衝突していることが原因と考えることができる．内陸で発生するプレート内地震の震源メカニズムをみると，東北日本では逆断層型，西日本では横ずれ型の地震が卓越していることを確認できる．西日本ではフィリピン海プレートが斜めに沈み込んでいることが横ずれ型の地震が卓越する原因であると考えられている．

　沈み込むプレート内部で発生する地震をスラブ内地震とよぶ．このスラブ内地震は，1993 年釧路沖地震のような M8 クラスの巨大地震になると

きがある．沈み込む太平洋プレートの震源分布をみると，地震が発生する面が 2 面みえる（図 8.9）．この二つの面を深発 2 重面とよぶ．上面の地震の P 軸は，沈み込むスラブの傾きとほぼ一致し，下面の地震の T 軸は沈み込むスラブの傾きとほぼ一致することから，上面と下面で地震を起こす応力場が異なることが考えられる．ただし，この深発 2 重面は，沈み込むフィリピン海プレートで確認することは困難である．このような二重の地震面が何故生じるのかは必ずしも明らかになっていない．海溝で曲げられたプレートが再び直線状に戻ることによる非曲げ効果，プレート上面付近と内部との温度差による熱応力効果などが，その原因として考えられている．

■コラム ‖‖

東北地方太平洋沖地震

2011 年 3 月 11 日にモーメントマグニチュード 9.1 の巨大地震が日本海溝沿いで発生した．破壊は宮城県沖から開始し，その後南北方向に伝播していった．断層の長さは約 450 km で幅は約 150 km にもなる．破壊が海底面に到達したために，自由表面の影響により約 50 m もの大きなすべりが海底付近で発生した．

日本海溝では，太平洋プレートが年間約 9 cm の速度で沈み込んでいる．プレート境界面上では一部が固着しており，固着領域に蓄積された，プレート運動に対するすべり遅れが地震時に解消される．広い範囲で同じような歪みが蓄積しているときに巨大地震に成長しやすくなる．

東北地方太平洋沖では，巨大地震発生の 10 年以上も前から，広い範囲でプレート境界が固着しており莫大なすべり遅れが蓄積していることが，測地観測から明らかになっていた．また，2005 年宮城県沖地震（M7.2）をきっかけとして多くの特異な現象が発生し，高精度な観測機器に記録された．この地震以降は，東北地方太平沖地震の震源域で M 6 以上の地震の発生回数が増え，大規模な間欠的なゆっくりすべりがプレート境界で発生した．さらに，東北地方太平洋沖地震が発生する 2 日前の 3 月 9 日に本震震源付近で M 7.3 の地震が発生した．この地震活動は，多くの前震で観測されている特徴を有する．

巨大地震が発生した領域は，150 年という地球科学的視点では短い時間スケールの地震活動をもとに，M8 クラスの巨大地震が頻発するが，M9 クラスの巨大地震が発生するとは想定されていなかった．多くの研究者にとって想定外の M9 地震が発生したことにより，地震による被害は連鎖的に拡大した．

巨大地震発生前に，真剣に観測データに向き合っていればと，多くの地震学者が反省したことであろう．しかし，これは後知恵バイアス（事後にその現象が予測可能であったと考える傾向）であるともいえる．一般に，巨大地震の発生過程には多様性があり，必ずしも同じような現象が巨大地震前に観測されるとは限らない．また，巨大地震の発生過程をとらえた大量かつ良質なデータは東北地方太平洋沖地震前には存在しなかった．長い期間をかけて，多くの巨大地震を観測し多くの仮説を検証することによって，よりよい地震予測を行うことができるようになる．地震学者がやるべき仕事はたくさんある．

第IV部　地球を構成する物質

第9章　鉱　物

　鉱物は約2,000年以上も前から自然を構成する一要素として認識され，宝飾品や金属の原料としてだけでなく，地球環境や宇宙の歴史を理解するうえでも重要な役割を果たしている．鉱物とは，自然界に存在する一定の化学組成と規則的な三次元的原子配列をもった固体のことである．つまり，気体や液体は鉱物の分類から除外される．したがって，雪や氷，氷河などの固体の水は鉱物に分類されるが，雨水，海水などの液体の水は鉱物ではない．また，黒曜石（火山ガラス）のように規則的な三次元的原子配列をもたないものは，鉱物として扱われない．しかし，この定義には例外もあり，水銀鉱床でみられる液体の自然水銀は，慣例的に鉱物に分類される．また，人間の手で合成されたエメラルドやルビー，ダイヤモンドなどの固体も人工鉱物（合成鉱物）として，さらに生体内部で有機的に形成される骨や歯を構成する水酸燐灰石なども生体鉱物として取り扱われることが多い．岩石は鉱物の集合体を指す言葉で，区別して使われている．

　鉱物には，生物と同様，種というものがある．鉱物種は一定の化学組成と結晶構造をもつ物質に対して定義され，命名される．現在，確認されている鉱物種は約5,500種で，日本からも約1,300種が知られている．この種の数は，これまで合成された無機物化合物の種類や生物種に比べると，はるかに少ない．これは鉱物の主要構成元素が80種類ほどで，結晶構造も比較的簡単なものが多く，さらに鉱物には固溶体や同形置換の性質があるためである．私たちの太陽系で最も多量に存在する鉱物は，水である．さらに，宇宙空間や惑星では，プラズマや気体・液体を除くほとんどすべての無機質の固体が鉱物に相当する．そのため，生物学における基本的な構成単位が細胞であるように，鉱物は宇宙や地球の固体部分を物質科学的に考える際の最も基本的な単位となっている．

　鉱物はその形成後，温度・圧力の変化や風化や変質作用などによって，化学組成や結晶構造を変化させ，別の種へと移り変わったり，溶解したりすることもある．多くの場合，地球の物質循環の過程で，変化と変容，そして再生を繰り返している．なかには，ある種の始源的な隕石に含まれる鉱物のように，太陽系の形成以後46億年間そのまま保存された鉱物も存在する（図9.1）．このように，鉱物は地球の物質循環の多くの過程に存在し，宇宙空間の隅々まで存在する．そのため，鉱物の研究では，さまざまな過程で形成された鉱物

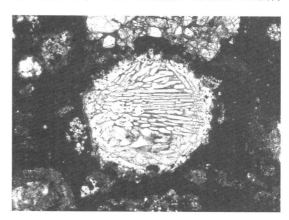

図9.1　炭素質コンドライト隕石中のコンドリュール
写真中央の棒状結晶の集合体がコンドリュールで，宇宙空間で溶融した原始太陽系の材料物質が急冷されてできた．棒状結晶はかんらん石で，45.6億年前に形成された後，ほとんど変化せずに保存されている．周囲の暗黒部は細粒の有機物や含水鉱物（コンドリュールの直径は300 μm）．

の物理的・化学的性質を明らかにしたり，物質循環のなかでの鉱物の意義や履歴を解明したり，さらには社会に役立つ性質を研究したりすることが中心となっている．ここでは，それらの理解の基本となる化学結合や固体結晶の性質，対称性について概説する．

(1) 結晶と化学結合

固体結晶は，結合の種類によって，**イオン結晶**，**共有結合結晶**，**金属**，**分子結晶**の4つに分類される．しかし，実際の結晶ではそれらの中間的な結合を形成している場合が多い．ここでは，結晶を形成する結合の種類について述べる．

電気陰性度

電気陰性度は，結合の種類を区別するときに役立つ指標である．原子は原子核の正電荷によって電子を引き付けている．電子を引きつける能力が大きいほど，その原子は電気的に陰性が強いということである．これを定量的に表したものが，電気陰性度である．AとBの2つの原子に対し，AとBの電気陰性度が等しい場合は，電子は双方の原子を平等に共有し共有結合を形成する．しかし，Bの電気陰性度がAより大きいときは，電子の分布に偏りが生じ，より電気的に陰性な方の電子密度が高くなる．つまり，Bの方により多く電子が存在する確率が高くなり，結合はA^+—B^+のように極性を帯びる．そして，電気陰性度の差が大きいほど，この極性は大きくなる．このような結合をイオン結合という．一般に電気陰性度の差が0.5より大きい2原子間の結合には，イオン結合性が含まれると考えてよい．しかし，完全なイオン結合は，実際にはほとんど到達できない理想的な結合である．蒸発岩として知られる岩塩（NaCl）や，金属鉱床の脈石鉱物である蛍石（CaF_2）は，本質的にはイオン結晶と考えられているが，実際には陽イオンと陰イオンの間には共有結合性もある程度含まれている．概略値として，電気陰性度差が1.0でイオン性20％，1.5で40％，2.0で60％，2.5で80％とみればよい．

イオン結晶

イオン結晶（ionic crystal）は，陽イオンと陰イオンから構成された電荷の静電的引力によって，陽イオンと陰イオンができるだけ近い距離で接するように規則正しく配列している．しかし，その周囲の同符号のイオンとの間（陰イオン—陰イオン，または陽イオン—陽イオン）では反発力がはたらく．したがって，同符号のイオンはお互いができる限り離れようとするために，体積はできる限り大きく，対称性も最も高くなるようになる．つまり，イオン結晶ではイオン間の引力は最大になり，斥力は最小になる．これによって，イオンは一定の場所にしっかりと固定される．そのため，イオンは自由に動き回ることができなくなることで，電気伝導度が極めて小さくなり，硬度は高く，融点も高くなる．

配位数とイオン半径比則

1つのイオンのまわりに配位する反対電荷のイオンの数を，そのイオンの**配位数**という．また，中心イオンのまわりに配位する原子を結んで得られる多面体を，配位多面体という．岩塩（NaCl）の場合，Naの配位数は6，配位多面体の形は正八面体である（図9.2）．配位数は，陽イオン（R_c）

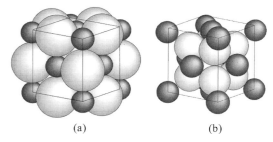

(a)　　　　　　　　(b)

図 9.2　岩塩と蛍石の結晶構造
(a) 岩塩（NaCl）：黒色球が Na, 白色球が Cl. Na のまわりを 6 個の Cl が囲む.
(b) 蛍石（CaF_2）：黒色球が Ca, 白色球が F. Ca のまわりを 8 個の F が取り囲む.

イオン半径比	配位数	配位形態		
$0.155 < R_c/R_a < 0.225$	3	三角形		
$0.225 < R_c/R_a < 0.414$	4	四面体		
$0.414 < R_c/R_a < 0.732$	6	八面体		
$0.732 < R_c/R_a < 1.0$	8	立方体		

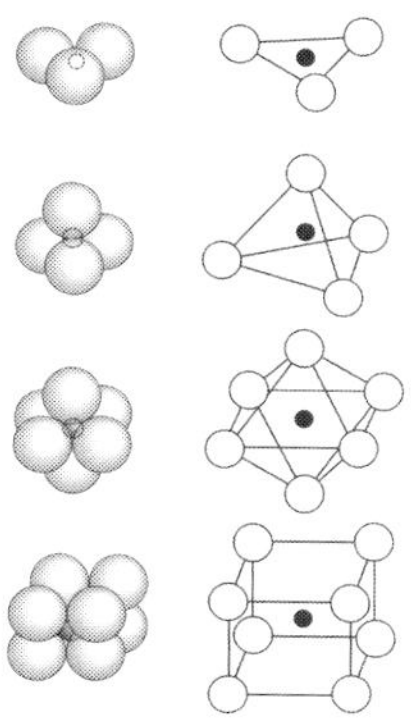

図 **9.3**　ポーリングのイオン半径比則
イオン半径比，配置数，配置形態の関係.

と陰イオン（R_a）のイオン半径比（R_c/R_a）によって，大まかに予測することができる．ポーリング（Linus Pauling）は，陽イオンと陰イオンが接触しており，陰イオンの隙間で陽イオンが動いていない状態において，配位数とイオン半径の関係は次のように決まることを示した．これを，ポーリングの**イオン半径比則**という（図 9.3）．

　岩塩（NaCl）のイオン半径比は，$R_{Na}/R_{Cl} = 0.56$ となり，この方法からも 6 配位になることが推定される．一般に周囲のイオンに対し中心のイオン半径が大きくなると，その配位数は大きくなる．ただし，実際には，イオンや原子のまわりには明確な電子分布の大きさはない．ここでイオン半径といっているのは，他のイオンが近づける最短距離に過ぎない．イオン半径とは，あくまでも 2 つの原子，あるいはイオンが接していると仮定し，その核間距離がそれらのイオン半径の和に等しいと仮定して決定された値である．

共有結合結晶

　結晶内の原子がすべて共有結合で結合し三次元配列を形成している結晶を，共有結合結晶（covalent crystal）という．超高圧鉱物として産するダイヤモンド（C）がその例である．ダイヤモンドは，すべての結合が共有結合によって強固に結合しているので，その硬度は固体結晶のなかで

最も高い．このように，共有結合結晶は硬度が大きく，融点が高く，膨張率が小さい特徴がある．さらに，電子が完全に局在化しているため，電気伝導率も極めて小さい．そして，共有結合結晶の多くは，1 つの原子のまわりが他の 4 つの原子に取り囲まれた四面体構造をつくる特徴がある（図 9.4）．結晶内には大きな隙間ができるが，原子同士の位置交換は容易に起こらず，これが共有結合結晶に大きな硬度を与えている．

　さらに，イオン結晶の中には，陰イオンに属していた電子が陰イオンと陽イオンの間に移動し，両方の原子に共有され部分的に共有結合性となっている結合も含まれている．この効果は，陽イオンが相手の陰イオンの電子の一部を自分の方に引き寄せ，その電子を部分的に共有することで生じ，

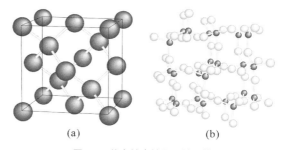

図 **9.4**　共有結合結晶の結晶構造
(a) ダイヤモンド（C）
(b) 低温型石英（SiO_2）：黒色球が Si，白色球が O．両者ともに，1 つの原子のまわりに 4 つの原子が配位した構造である．

この効果が大きいほど共有結合性が増大する．一般に，小さくて高電荷の陽イオンほど電子を引き寄せやすく，大きくて高電荷の陰イオンほど電子を奪われやすい．そのため，そのようなイオン間の結合は，共有結合性になりやすい．コランダム（Al_2O_3），石英などのシリカ鉱物（SiO_2），ダイヤモンドとともに産出するモアッサナイト（SiC）は，共有結合性の結合をつくる代表的な鉱物である．これらの鉱物の結晶構造は，ダイヤモンドと同じく1つの原子のまわりを他の原子によって四面体的に取り囲まれた構造を形成し，非常に大きい硬度を示す特徴がある．

金　属

　金属結合によって形成された結晶を金属（metal）という．金属原子の配列は，おもに**六方最密充填**，**立方最密充填**（面心立方配列），**体心立方配列**の3種類からなる（図9.5）．はじめの2つは，等しい球状の原子を一定の容積内に最大多数個詰まるように配列させる自然界で最も基本的な構造である．どちらの最密充填構造においても，各金属原子は12個の最近接原子に囲まれている．自然亜鉛（Zn），自然オスミウム（Os）などは六方最密充填，自然金（Au），自然銀（Ag），自然銅（Cu），自然白金（Pt）は立方最密充填の構造をとる．体心立方構造では，各金属原子は8個の最隣接原子と，さらにもう6個の原子が約15％だけ遠くに隣接している．自然鉄（Fe），カマサ

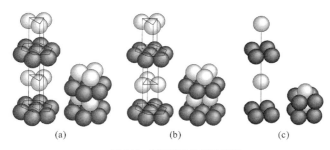

図9.5　金属結晶の原子配列
(a) 六方最密充填配列，(b) 立方最密充填配列，
(c) 体心立方配列．

イト（Fe-Ni 合金）がその例である．金属特有の展性や延性などの性質は，このように金属の結晶構造が同じ原子が密に詰まった層が積み重なった構造であり，一方向に滑りやすい特徴をもつためである．しかし，なぜ，ある金属が特定の構造をとって他の構造をとらないのかについては，実際のところまだよくわかっていない．

　金属結晶では原子同士が互いに近づいているため，原子周囲の電子は隣の原子へ移動することもできる．そのため，電子は個々の決まった原子の周囲に局在化されずに存在している．これにより，金属には高い電気伝導性がもたらされる．金属性の物質では熱伝導性が高く，逆に絶縁体では熱伝導性が低くなることは，多くの人が経験的に知っていることであろう．これも，金属中を自由に移動する電子が，熱エネルギーの受け渡しを担っていることと関係している．

分子結晶

　分子を構成する原子同士が互いに共有結合で強く結ばれ，さらに分子同士は弱い分子間力（**ファンデルワールス力**）により結合し，それらの分子が三次元的に規則正しく配列した結晶を分子結晶（molecular crystal）という．分子結晶では電子の移動は分子内に限られるので，電気伝導性は極めて小さい．ほとんどの有機化合物が絶縁体であるのも，それらが分子結晶であるためである．また，ファンデルワールス力は非常に弱い結合であるため，分子結晶の沸点や融点はかなり低い．常温で安定な分子結晶としての鉱物は，火山の噴気孔などにみられる自然硫黄（S_8）や自然セレン（Se_8），鶏冠石（As_4S_4）（口絵3）が知られているが，一般的な分子結晶は，常温では水や二酸化炭素のように気体や液体であるものが多い．

硬度とへき開

　一般に，イオン結晶は分子結晶よりも硬く，共有結合結晶よりも軟らかい．さらに，イオン結晶

でも，イオンの電荷が大きくイオン間の結合距離が短いものは，その硬度は増加する．それに対し，イオン結晶にファンデルワールス結合が含まれる場合には，硬度は低下する．このように，内部の化学結合の様式と硬度の間には，ある程度の相関がある．そのため，硬度は結晶内部の結合様式を推定するうえで非常に簡便な指標となる．このとき，硬度の基準として代表的な鉱物のなかから，硬度の異なる 10 種類の鉱物を選び，10 段階に階級づけした硬度計を，**モース硬度**（Mohs hardness）という．モース硬度は，ある鉱物を基準鉱物に擦り付けてきずが付くかでその硬度を測定する．

モース硬度計の基準鉱物とモース硬度

1　滑 石：$Mg_3Si_4O_{10}(OH)_2$
2　石 膏：$CaSO_4 \cdot 2H_2O$
3　方解石：$CaCO_3$
4　蛍 石：CaF_2
5　りん灰石：$Ca_5(PO_4)_3(Cl,OH,F)$
6　正長石：$KAlSi_3O_8$
7　石 英：SiO_2
8　トパーズ：$Al_2SiO_4(OH,F)$
9　コランダム：Al_2O_3
10　ダイヤモンド：C

　鉱物の硬度と結晶内部の結合様式の関係について，滑石，蛍石，石英，ダイヤモンドを例にあげて説明しよう．滑石は，結晶の最小構成単位は Si-O 結合を中心としたイオン結合と共有結合によって構成されている．しかし，その構成単位同士は，ファンデルワールス力によって連結されている．したがって，ファンデルワールス結合は容易に切れやすいため，滑石は非常に軟らかい構造となっている．滑石は，最も軟らかい鉱物グループの代表であり，そのモース硬度は 1 である．同様に，ファンデルワールス結合を含む黒鉛（C）のモース硬度も 1 である．イオン結晶の代表例である蛍石の場合は，モース硬度は 4 である．また，同じイオン結晶である岩塩（NaCl）は，モース硬度が 2 である．Si-O 結合は，ポーリングの電

気陰性度によれば，50％が共有結合性の結合であると考えてよい．このように，結合に共有結合性の程度が増加してくると，結合の強度が増し結晶の硬度も増加する．その結果，Si-O 結合だけで構成された石英では，そのモース硬度が 7 になる．そして，さらに共有結合の割合が増加し，完全な共有結合結晶であるダイヤモンドになると，そのモース硬度は 10 になる．

　結晶に外力を加えて割ったときに，ある決まった方向に平らな面として割れる性質を**へき開**という．方解石を砕くと，その破片はみな歪んだ平行六面体の形を呈する．さらに，そのなかから一片を取り出し，もっと細かく砕いて顕微鏡で調べても，それらの破片はみな同じ平行四辺形の外形を呈する．へき開には，鉱物によって平滑に割れる程度に差があり，この程度を完全，良好，明瞭，不明瞭などと表す．方解石，石膏，蛍石，雲母，正長石，トパーズなどはへき開が完全であり，へき開によって生じた平らな面のことをへき開面という．

　へき開は，その鉱物の結晶構造と密接な関係がある．へき開は，特定の原子面間が他のものよりも離れやすいために起こる．すなわち，結晶構造内での原子面間距離が他よりも大きいか，あるいは原子面間の化学結合力が他よりも弱い結晶面に発生しやすい．たとえば方解石のへき開は {104} に完全である．方解石の場合は，その結晶構造の (104) 原子面間の距離が最大となっており，その面に沿って酸素の陰イオンが最も密に配列している．その結果，(104) 原子面間の結合が他の結合よりも相対的に弱くなり，方解石は常に {104} にへき開を発生させている．岩塩は {100} にへき開が完全であるが，この原因も方解石と同じく，(100) 原子面間距離が最大であり，その原子面に沿って陰イオンが最も密に配列しているためである．蛍石は {111} にへき開が完全であり，これは (111) 原子面に陰イオン同士が向かい合って配列しているためである．石膏は {010} にへき

開が完全である．石膏の結晶構造は，CaとSO$_4$分子が（010）原子面に平行に配列した層構造である．そして，その層構造同士を水素結合が連結させた構造である．したがって，水素結合は他のイオン結合部分よりも弱く，切れやすいため，（010）原子面がへき開面となって現れる．

　一方，石英は明瞭なへき開面をもたない．その理由は，石英の結晶構造を構成しているSi-O-Si結合の結合力が等方的であり，したがって，この場合は特定の方向に弱い結合をもっていない．そのため，石英のような鉱物では，特定の結晶面で結合を切ることはなく，決まった割れ方をしないのである．

【補説】　結晶面を表す場合は，一般にミラー指数（Miller index）の方法を用いる．ただし，ミラー指数では幾何学的に等しい位置にある面も，（111），（$\overline{1}$11），（1$\overline{1}$1），（11$\overline{1}$），（$\overline{1}$11）のように軸の向きによって区別して扱う．これらの等価な面を一まとめで表記する場合は {111} と表す．このとき，指数の表記には正の整数が用いられる．つまり，{$\overline{1}$11} よりも {111}，{0$\overline{1}$0} よりも {010} と表記する．

（2）結晶の対称性

　対称性にはさまざまな種類があるが，鉱物のほとんどは結晶であることから，ここでは結晶の対称性，すなわち結晶の形と原子の並び方に関係する対称性について，簡単に説明する．対称性は，結晶の物理的性質を大きく支配することから，結晶の物理的・化学的研究で最も重要な課題であり，地球科学でもその鉱物を多量に含む地質体の物性を予言する際の重要な情報源となっている．

　今，ある対象物の中の1点を中心にして，回転あるいは並進の操作を行ったとき，その操作を行った後と行う前で同じ状態（形や並び方）になるとき，その対象物は対称性をもつという．たとえば，図9.6の図形の中心部分に，紙面を垂直な回転軸を想定し，その回転軸に沿って，時計回

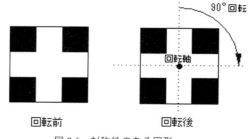

図 9.6　対称性のある図形

りあるいは反時計回りに図形を90°回転させる．このとき，回転させる前と後では同じ図柄になっているので，この図形は対称性をもつという．図9.7のヒトデは72°回転させるごとに最初と同じ状態になり，図9.8の鉱物結晶も90°回転させるごとに最初と同じ形や向きになる．したがって，これらの形にも対称性があるという．こうした対称性は，大きいスケールでは銀河系の形や，小さいスケールでは結晶の中の原子の並び方などに観

図 9.7　ヒトデ（*Astropecten scoparius*）
茨城県鉾田町大竹海岸．

図 9.8　黄鉄鉱の結晶
新潟県赤谷鉱山．

察され，実際，自然界のほとんど物質は対称性を
もっている．これは，対称性が私たちの宇宙の最
も基本的な性質の 1 つで，それらが自然の物質に
反映していることと関係している．

対称要素

　対称性にはそれを構成する対称要素がある．対
称要素にはさまざまな種類があるが，大別すると，
(1) **回転軸・回反軸**と**鏡面対象**，(2) それらに**並
進操作**が加わったものの 2 つになる．このうち，
回転と回反は巨視的な形の対称性に重要で，並進
操作が加わったものは二次元あるいは三次元的に
複雑な形，さらには結晶中での原子の並び方に重
要な対称要素となっている．ここでは，結晶の形
や単位格子に重要な回転と回反という対称要素に
ついて説明する．

　回転軸は，ある点を中心に $360°$ 回転させた時，
n 回同じような状態になる場合の対称要素で，そ
れを n 回回転軸という．たとえば，図 9.6 は，中
心の回転軸による回転よって $90°$ おきに同じ図
柄になるので，$360°$ 回転させると 4 回同じ状態
となる．すなわち 4 回回転軸の対称要素をもつこ
とになる．同様に，図 9.7 のヒトデは 5 回回転軸，
図 9.8 の鉱物結晶は 4 回回転軸の対称要素をもっ
ている．回反軸は，回転軸に軸上の 1 点での反転
操作が加わった対称要素で，立体での形や対象物
の並び方に関係する．反転操作とは図 9.9 にある

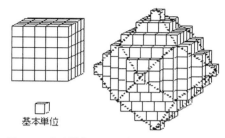

図 9.10　基本単位図形の積み重ねで生じる外形

ように，三次元的に点対称の位置関係になること
である．回転軸と同様に，n 回回反軸という．

結晶における対称要素

　結晶の対称性で重要なことは，n 回回転軸のう
ち，結晶では $n = 1$，2，3，4，6 の 5 通りしか許
されておらず，結晶の外形もそれにしたがってい
ることである．回転軸が 5 通りしかとれないので，
結晶では n 回回反軸も，$n = 1$，2，3，4，6 の 5
通りしか許されていない．生物や孤立分子，準結
晶では，$n = 5$ や $n = 7$ 以上も可能である．図 9.7
のヒトデは 5 回回転軸の対称要素を示す．結晶が
5 通りの対称性しか示さない理由は，結晶が基本
構造（繰り返し単位）の隙間のない積み重なりに
よって形成されていることと関係している．たと
えば，図 9.10 は，立方体の基本構造の隙間のな
い積み重ねで結晶外形がつくられている様子を示
す．

結晶の基本構造（単位格子）

　前節で触れた結晶の基本構造（繰り返し単位）
について，原子の並び方からみることにする．図
9.11 は，A と B の 2 種類の原子からなる結晶の
二次元的な原子の並び（原子面）を示している．今，
A か B のどちらかの原子を選択し，その原子と
同じ種類で同じ環境にあるものを 4 つ選んで線で
結ぶと，図中のようにさまざまな平行四辺形がで
きる（図 9.11）．しかし，基本構造となる単位格
子の取り方は，ただ 1 つしか選ばれない．図 9.11

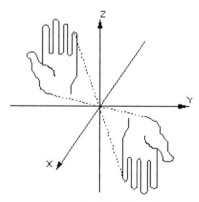

図 9.9　点対称の位置関係

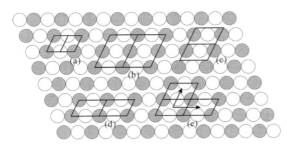

図 9.11　二次元での単位格子の取り方
(a) 繰り返し単位にならない.
(b) 最小繰り返し単位ではない.
(c) 原則として原子やイオンが単位格子の頂点
　　か稜の中点になるようにとる.
(d) この平行四辺形 1 単位が正しい単位格子.
(e) 単位格子を隣接部分へ並進させることで空
　　間全体を埋めつくすことができる.

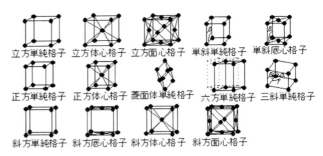

図 9.12　ブラベ格子

(a) (b) (c) (d) において，**単位格子**として成立
しているのは (d) の選び方のみである．A の原
子を結んでできた平行四辺形を選んで，その平行
四辺形で平面を隙間なく埋め尽くして，その平行
四辺形の中の原子の並びを考慮すると，元の原子
面が再現されていることがわかる（図 9.11 (e)）.
これは，B の原子による平行四辺形でも同じであ
る．つまり，(d) の平行四辺形がこの原子面の基
本単位（繰り返し単位）であることになる．また，
この平行四辺形の取り方は，A と B のどちらを
とっても同じなので，原子の種類とは関係ないこ
とがわかる．そこで，今，原子を種類に関係なく
点で表現すると，二次元の原子面での基本単位の
取り方は，わずか 5 通りしかない.

　結晶は原子の三次元的規則配列からできている
ので，三次元での基本単位を考えると平行六面体

となる．この平行六面体を単位格子とよぶ．この
単位格子の取り方も，原子の種類を考慮せずに点
で表現した場合は，図 9.12 のようにわずか 14 通
りしかないことがわかっている．この 14 の単位
格子を**ブラベ格子**または空間格子とよんでいる.
世の中にある有機物・無機物を含めた何百万種類
の結晶も，基本単位はこの 14 通りしかない.

結晶系

　14 のブラベ格子を先ほどの対称要素で整理す
ると，さらに半分の 7 つの基本単位となり，これ
らを**晶系**とよんでいる．これらの基本単位は 3 つ
の軸の長さ a, b, c とそれらの軸の間の角度 α, β,
γ で定義される（表 9.1）．3 つの軸の長さと軸の
間の角度は，**格子定数**とよばれている．晶系は，
鉱物や結晶の研究をするうえで重要で，晶系に
よって結晶の物理的性質は限定される．たとえば
立方晶系では，弾性波や光の伝搬速度，光学的性
質は等方的であったりする．また，鉱物の分類で

表9.1　7 つの結晶系

晶系	各軸の周期	軸の間の角度	空間格子*
三斜	$a \neq b \neq c$	$\alpha \neq \beta \neq \gamma$	P
単斜	$a \neq b \neq c$	$\alpha \neq \gamma \neq 90°$, $\beta = 90°$	P, C
斜方（直方）	$a \neq b \neq c$	$\alpha = \beta = \gamma = 90°$	P, C, F, I
正方	$a = b \neq c$	$\alpha = \beta = \gamma = 90°$	P, I
立方（等軸）	$a = b = c$	$\alpha = \beta = \gamma = 90°$	P, F, I
六方	$a = b \neq c$	$\alpha = \beta = 90°$, $\gamma = 120°$	P
三方（菱面体）	$a = b = c$	$\alpha = \beta = \gamma \neq 90°$	$P (R)$

＊ P：単純格子，C：底心格子，F：面心格子，I：体心格子，R：菱面
体格子．

も化学組成と晶系が重要となっている.

(3) ケイ酸塩鉱物　造岩鉱物と固溶体

　酸素, ケイ素, アルミニウムは地殻に最も多く存在する元素である. おもな火成岩, 変成岩, 堆積岩を構成している鉱物を, **造岩鉱物** (rock-forming minerals) という. 造岩鉱物には, かんらん石, 輝石, 角閃石, 雲母, 長石, 石英が含まれる. これらはすべて, 酸素とケイ素を主成分とするケイ酸塩鉱物である. 造岩鉱物は, 石英を除きいずれも広い**固溶体** (solid solution) を形成する特徴がある. 固溶体とは, 性質の似た複数のイオンが鉱物の結晶構造を変えずに自由な割合で置換し (同形置換), 化学組成を連続的に変化させることである. イオンが置換する条件としては, イオンの大きさがほぼ等しいことと, 電気陰性度の差があまり大きくないことである. 2 つのイオンのイオン半径の差が 15 % より小さく, 電気陰性度の差が 10 % 以下であれば, イオン置換は容易に起こると考えてよい. かんらん石には, 苦土かんらん石 (Mg_2SiO_4) と鉄かんらん石 (Fe_2SiO_4) が存在しているが, イオン半径が Mg^{2+} = 0.72 Å, Fe^{2+} = 0.78 Å と両者はほぼ等しいことから, かんらん石では (Mg + Fe) : Si : O = 2 : 1 : 4 の化学組成比を維持しながら, Mg と Fe は互いに自由に入れ換わることができる. その場合の化学組成は, Mg と Fe には特定の下付き数字を付けずに, (Mg, Fe)$_2$SiO$_4$ と化学組成比の形で表記する. このとき, Mg_2SiO_4 や Fe_2SiO_4 のような固溶体の素成分のことを**端成分** (end-member) という. 固溶体の化学組成の変化幅には, それが全組成範囲にわたる場合と, ある限られた範囲だけの場合がある. 固溶体の組成が全組成範囲で連続的に変化するものを連続固溶体といい, 組成が不連続になる場合, その不混和となる組成範囲のことを**不混和領域** (miscibility gap) という.

　地殻の岩石を分析すると, 微量なものまで含めると非常に多くの元素が含まれているが, それに

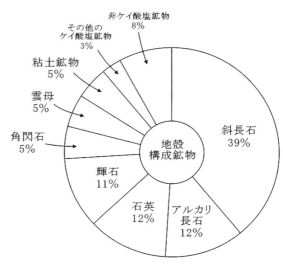

図 9.13　大陸地殻と海洋地殻を含めた地球の地殻を構成する構成鉱物の体積比
地殻全体の 63 % が長石と石英から構成されており, 92 % がケイ酸塩鉱物である. Ronov and Yaroshevsky (1969) より.

もかかわらず, 地殻を構成する主要な鉱物はわずか数種類にすぎない (図 9.13). その背景には, 造岩鉱物のほとんどがこのような固溶体という性質をもつことが, 大きな理由としてあげられる.

主要造岩鉱物の特徴

　かんらん石 (図 9.14) : かんらん石のほとんどは, Mg 成分に富む苦土かんらん石 (Mg_2O_4) と Fe 成分に富む鉄かんらん石 (Fe_2SiO_4) を端成分とする連続固溶体である. おもに玄武岩, はんれい岩, かんらん岩などの SiO_2 成分に乏しい超塩基性岩 (SiO_2 の重量 % が 45 % 以下の火成岩) や塩基性岩 (SiO_2 の重量 % が 45 % から 52 % の火成岩) に含まれる. 結晶は薄黄緑色から, 緑色, 褐色を帯びた緑色を示し, 短柱状あるいは粒状である. 玄武岩質マグマから最初に晶出する相は Mg 成分に富み, 晩期になるにつれて徐々に Fe 成分に富むようになる. 苦土かんらん石は, 上部マントルの主要構成鉱物であり, 石質隕石の中に普通にみられる鉱物である. かんらん石は主要造岩鉱物のなかでは最も風化作用を受けやすく, 分解して微細なある種のケイ酸塩や鉄酸化物の混合物に

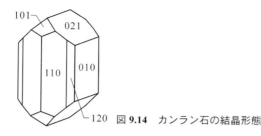

図 9.14　カンラン石の結晶形態

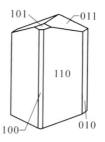

図 9.16　普通角閃石の結晶形態
へき開が {110} 完全で約 60°
で交わる.

変化する. このように赤褐色に変質した部分をとくにイディングス石とよんでいる. また, 天然にはMg成分に富んだものが多く, 透明感のある黄緑色の結晶はペリドットという名の宝石になる.

輝　石（図 9.15）：比較的 SiO_2 成分に乏しい塩基性の火成岩, 高温で生じた変成岩, 超塩基性岩, および隕石にごく普通に含まれる. 化学組成は, $(M2, M1)_2X_2O_6$：$M1 = Mn^{2+}, Fe^{2+}, Mg^{2+}, Fe^{3+}, Al^{3+}, Cr^{3+}, Ti^{4+}$；$M2 = Na^+, Ca^{2+}, Mn^{2+}, Fe^{2+}, Mg^{2+}, Li^+$；$X = Si, Al$. 結晶の形態は八角形の柱状を呈する. 柱状結晶の伸びの方向に平行な2つのへき開面が存在し, その間の角は約 90° である. 輝石は晶系によって, 斜方晶系（直方晶系）に属する斜方輝石（直方輝石）と, 単斜晶系に属する単斜輝石に分けられる. 斜方輝石は頑火輝石（$Mg_2Si_2O_6$）―鉄珪輝石（$Fe_2Si_2O_6$）の2成分の固溶体からなり, 化学式は $(Mg, Fe)_2Si_2O_6$ と表される. 単斜輝石は多くの種類があり, 頑火輝石（$Mg_2Si_2O_6$）―鉄珪輝石（$Fe_2Si_2O_6$）―珪灰石（$Ca_2Si_2O_6$）の3成分の固溶体からなる, 透輝石（$CaMgSi_2O_6$）, ヘデン輝石（$CaFe^{2+}Si_2O_6$）, Ca成分に富む普通輝石, Ca成分に乏しいピジョン輝石. さらに, NaやAlを含むエジリン輝石, ヒスイ輝石, オンファス輝石などがある.

角閃石（図 9.16）：化学組成に OH 基をもつことが特徴で, 変成岩や火成岩に広く含まれる. 角閃石の概観は, 輝石に似て区別がむずかしいときがあるが, 輝石よりも長い六角柱状を示し, 伸長方向に平行な2つのへき開面の間の角は, 約 60° である. 角閃石は, 種々の金属イオンが複合置換（coupled substitution）することによって（例 $Mg^{2+}+Mg^{4+} \rightleftharpoons Al^{3+}+Al^{3+}$）, 非常に幅広い化学組成範囲をもつ. そのため, 角閃石は地殻に含まれるほとんどすべての主要元素を含むことが可能である. また, OH 基をもつ特徴もあり, OH はFやClとも置換する. 角閃石は化学組成によって, マグネシウム - 鉄 - マンガン角閃石, カルシウム角閃石, ナトリウム - カルシウム角閃石, ナトリウム角閃石, リチウム角閃石などに大きく分類される. マグネシウム - 鉄 - マンガン角閃石には, 直閃石 [$(Mg, Fe^{2+}, Al)_7 (Si, Al)_8 (O_{22}(OH)_2$], カミングトン閃石 [$(Mg, Fe)_7 Si_8 O_{22}(OH)_2$] などが含まれる. カルシウム角閃石には, 透閃石, アクチノ閃石, 普通角閃石などが含まれ, [$Na_{0-1}Ca_2 (Mg, Fe^{2+})_{3-5} Al_{0-2} (Si_{6-8} Al_{0-2})_8 O_{22}(OH)_2$] の化学組成を示す. ナトリウム角閃石には, 藍閃石, リーベック閃石, アルベゾン閃石などが含まれ, その化学組成は, [$(Na,Ca)_{2-3} (Mg, Fe^{2+}, Mn, Al, Fe^{3+})_5 (Si, Al)_8 O_{22}(OH)_2$] の範囲をとる. 角閃石も輝石と同じく, 晶系によって斜方晶系（直方晶系）に属するものと, 単斜晶系に属するものに分けられるが, たとえば上記では, 直閃石が斜方晶系に属し, それ以外は単斜晶系に属する.

雲　母（図 9.17）：雲母の特徴は, {001} のへき開が著しいことであり, 常に板状の形態を呈

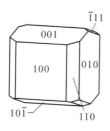

図 9.15　普通輝石の結晶形態
{110} のへき開完全で約 90°
で交わる.

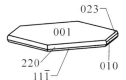

図 9.17　白雲母の結晶形態
へき開が {001} に完全.

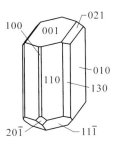

図 9.18　カリ長石（正長石，微斜長石）の結晶形態
へき開は，{110} 完全，{010} 明瞭.

し，へき開面に沿って非常にはがれやすい性質をもつことである．化学組成は，M2 (X$_{4-6}$Y$_8$) O$_{20}$ (OH)$_2$: M = Na$^+$, K$^+$, NH^{4+}, Rb$^+$, Cs$^+$, Ca^{2+}, Ba^{2+}; X = Li$^+$, Mg^{2+}, Fe^{2+}, Mn^{2+}, Zn^{2+}, Al^{3+}, Fe^{3+}, Mn^{3+}, V^{3+}; Y = Si, Al. 雲母は，角閃石と同じく OH 基をもつ鉱物であり，OH 基は F や Cl と置換する．雲母族のなかでは，白雲母 K$_2$Al$_4$ (Al$_2$Si$_6$) O$_{20}$ (OH)$_2$ と黒雲母 K$_2$(Mg, Fe^{2+}, Al)$_6$ (Al,Si)$_8$ O$_{20}$ (OH)$_2$ が代表的な種類である．白雲母は，泥質岩起源の変成岩に多く，花こう岩，ペグマタイトなどにもごく普通に含まれる．黒雲母は種々の火成岩，とくに花こう岩などの酸性岩（SiO$_2$ の重量％が 66％以上の火成岩），さらに広域および接触変成岩や堆積岩に広く分布している．雲母はその結晶構造の特徴から，ディオクタヘドラル（2- 八面体）型雲母とトリオクタヘドラル（3- 八面体）型雲母の 2 つに分けることができる．雲母の構造には，本来，八面体配位をつくる陽イオンの原子位置が 3 つ存在している．白雲母は，この 3 つの位置のうち 2 つを Al が占める構造であるので，ディオクタヘドラル型雲母に分類される．これに対して，黒雲母は八面体配位の 3 つすべてを陽イオンが占めているため，トリオクタヘドラル型雲母に分類される．

長　石（図 9.18）：地殻の約 50％を占めるほど広範囲に産出し，ほとんどすべての火成岩に含まれ，大部分の変成岩や，多くの堆積岩に含まれている．化学組成は，M1 [AlSi$_3$O$_8$]，M2 [Al$_2$Si$_2$O$_8$]; M1 = Na$^+$, K$^+$, Rb$^+$, NH^{4+}, M2 = Ca^{2+}, Sr^{2+}, Ba^{2+} である．地球科学的に最も重要なものは，灰長石（CaAl$_2$Si$_2$O$_8$），曹長石（NaAlSi$_3$O$_8$），カリ長石（KAlSi$_3$O$_8$）の 3 つの端成分である．長石は化学組成によって大きく斜長石とアルカリ長石に大別することができる．斜長石とは，灰長石と曹長石の間の連続固溶体のこ

とであり，アルカリ長石とは，曹長石とカリ長石の間の固溶体のことである．アルカリ長石は，火山岩のような高温下で形成された場合には連続固溶体を形成するが，深成岩や変成岩のような低温から中温の環境下で形成されると，固溶体は部分的になる．それに対して，灰長石とカリ長石の間ではどのような温度でも固溶体を形成しない．これは，固溶体を形成する Ca, Na, K イオンの大きさに関係する．イオン半径は，Ca^{2+} は 1.18 Å，Na$^+$ は 1.24 Å，K$^+$ は 1.55 Å である．つまり，Ca と Na のイオン半径は非常に近いため，斜長石系列では容易にイオン置換が起こり，連続固溶体が形成される．また，K のイオンは Na よりも 25％ほど大きいため，アルカリ長石系列では，高温の場合に限って K と Na の連続的なイオン置換が可能となる．一方，Ca に対して K は 30％以上も大きく，したがって，Ca と K は例え高温でもイオン置換が起こることはない．そのため，灰長石とカリ長石の間では固溶体を形成できないのである．

石　英：石英は，造岩鉱物のなかで唯一固溶体をつくらない鉱物である．化学組成は SiO$_2$ である．石英は本来は無色透明であるが，Al^{3+} が Si^{4+} とわずかに置換することによって，黒色の煙水晶に変化したり，Fe^{4+} をわずかに含むことによって紫色のアメシスト（紫水晶）に変化したりする．石英は，その生成温度によって，低温型石英（α - 石英）と高温型石英（β- 石英）に分けられる．両者の常圧下での転移温度は 573 度である．低温型石英は，花こう岩，ペグマタイト，石英脈などから産出し，高温型石英は，流紋岩のような酸性火山岩の斑晶として産出する．低温型石英の結晶

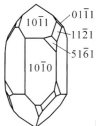

$10\bar{1}1$
$01\bar{1}1$
$11\bar{2}1$
$51\bar{6}1$
$10\bar{1}0$

図 9.19　低温型石英の結晶形態

形態は, 六角柱状でピラミッド状の両錐をもつが, 高温型石英になると, その形態は柱状の面をもたず, ほとんどがピラミッド状の面だけからなる六方両錐体となる. 図 9.19 に低温型石英の結晶形態を示す. 石英には, (1121) と (5161) の位置によって右水晶と左水晶に区別できる. 図 9.19 に示した石英は, 右水晶である. さらに, 石英には双晶があり, (1010) を双晶面とするドフィーネ式双晶や (1120) を双晶面とするブラジル式双晶, さらに, (1121) を双晶面とする日本式双晶などが知られている.

ケイ酸塩鉱物の構造

　地殻中では, ケイ素は常に 4 配位をなし, 正四面体の頂点にある酸素原子群の中心に位置している. 例外的にシリカ鉱物の高圧相であるスティショフ石だけは, ケイ素が 6 配位である. ケイ素と酸素は, 50%がイオン結合性, 50%が共有結合性の結合とみなせる. つまり, 静電的引力によって引き合うイオン結合の性質をもつ一方で, ケイ素と酸素がお互いの電子を共有する共有結合も形成している. ケイ酸塩鉱物は, このケイ素と酸素が強固に結合した SiO_4 四面体が基本構造となっている. SiO_4 四面体の Si-O 平均結合距離は 1.6 Å, SiO_4 四面体の稜である O-O 間の原子間距離は 2.6 ～ 2.8 Å である. SiO_4 四面体は, 頂点の酸素を共有していくつかの結合様式の陰イオングループを形成する. SiO_4 四面体の結合様式のちがいから, ケイ酸塩鉱物は次の 6 つのグループ（ネソケイ酸塩, ソロケイ酸塩, サイクロケイ酸塩, イノケイ酸塩, フィロケイ酸塩, テクトケイ酸塩）に分類

されている（図 9.20）.

SiO_4 四面体の重合と結晶分化

　ケイ酸塩鉱物の基本構造である SiO_4 四面体を構築する Si-O 結合は, 一部に電子の共有が存在しているものの, ケイ素の全結合エネルギーは, 結合する 4 つの酸素に均等に分布していると考えてよい. 以下に述べる説明は, 化学結合がイオン結合であるとして議論する. SiO_4 四面体は, 4 価の陽イオンであるケイ素と 2 価の陰イオンである酸素 4 つからなる. SiO_4 四面体の 4 本の Si-O 結合のうち 1 本の結合に寄与する結合原子価は, +4 価の Si 陽イオンでは, +4/4 = +1 とみなすことができる. すると, SiO_4 四面体の各頂点の酸素陰イオンは, 負の 2 価の電荷をもつことから, そのちょうど半分の電荷しか満たされていない. したがって, 全体としては, SiO_4 四面体はそれ自身が $[SiO_4]^+$ 錯陰イオンとなる（図 9.21）. 固体中では, 総電荷数は常に電気的に中性でなければならない. そのため, SiO_4 四面体の頂点酸素は, それぞれが電荷の中性を保つために, さらに他の陽イオン（ケイ素あるいは他の陽イオン）に結合しなければならない. このとき, SiO_4 四面体の頂点酸素が, 不足する電荷を補うために, 別のケイ素に結合し（共有され）, 2 つの SiO_4 四面体の**架橋酸素**（bridging oxygen）として Si-O-Si の結合をつくることを, SiO_4 四面体の**重合**（polymerization）という.

　このような SiO_4 四面体の錯陰イオンとしての性質から, ケイ酸塩鉱物は, その結合様式が生成環境に応じて大きく変化し, SiO_4 四面体の重合は, ケイ酸（SiO_2）と金属イオンの濃度比に最も影響を受けやすい（表 9.2）. 金属イオンの濃度がケイ酸濃度に比べて相対的に高い場合, そこで結晶化するケイ酸塩鉱物は, SiO_4 四面体の頂点酸素が SiO_4 四面体と重合するよりも, 金属元素と優先的に結合する. ケイ酸塩鉱物のなかで, 金属イオン濃度の最も高い環境で結晶化するネソケイ酸

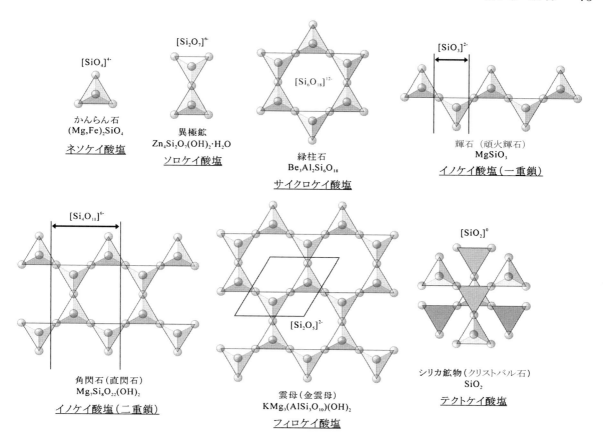

図 9.20 ケイ酸塩鉱物における SiO₄ 四面体の結合形態による構造の分類
図中の三角形の部分は，中心にケイ素が位置し頂点に酸素が配位した SiO₄ 四面体である．
ここでは簡略的に酸素のみを表記した．

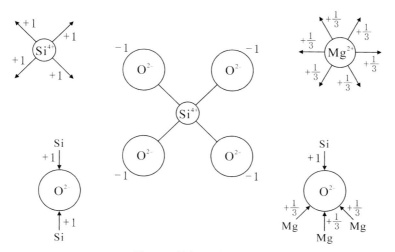

図 9.21 結合原子価の分布
四配位のケイ素では，1 本の結合に分配される原子価は +1 である．したがって，
SiO₄ 四面体の全体の電荷は [SiO₄]⁴⁻ と考えることができる．

表 9.2　ケイ酸塩鉱物の SiO_4 四面体の結合様式とケイ酸（SiO_2）濃度の関係

生成環境	鉱物 組成式	SiO_4 四面体 結合様式	組成式中の （Si：O）比	SiO_4 四面体酸素 架橋：非架橋
高い	石英 SiO_2	テクトケイ酸塩	0.50：1	4：0
	長石（曹長石） $Na(AlSi_3)O_8$	テクトケイ酸塩	0.50：1* （Si＋Al）：O	4：0
	雲母（金雲母） $KMg_3(AlSi_3)O_{10}$・$(OH)_2$	フィロケイ酸塩	0.40：1* （Si＋Al）：O	3：1
	角閃石（直閃石） $Mg_7Si_8O_{22}$・$(OH)_2$	イノケイ酸塩 （二重鎖）	0.36：1	3：1
	輝石（エンスタタイト） $MgSiO_3$	イノケイ酸塩 （一重鎖）	0.33：1	2：2
	緑柱石 $Be_3Al_2Si_6O_{18}$	サイクロケイ酸塩	0.33：1	2：2
	異極鉱 $Zn_4Si_2O_7(OH)_2$・H_2O	ソロケイ酸塩	0.28：1	1：3
低い	かんらん石（苦土かんらん石） Mg_2SiO_4	ネソケイ酸塩	0.25：1	0：4

（左端縦軸：ケイ酸（SiO_2）濃度）

＊長石と雲母の SiO_4 四面体席には，Si と Al が配位する．

塩であるかんらん石は，構造中の SiO_4 四面体が独立した $[SiO_4]^{4-}$ 錯陰イオンのままである．ケイ素 2 個に共有された酸素を架橋酸素というのに対し，1 個のケイ素に配位している酸素を**非架橋酸素**（nonbridging oxygen）という．ネソケイ酸塩では，SiO_4 四面体の頂点酸素はすべて非架橋酸素である．したがって，4 つすべての頂点酸素が，SiO_4 四面体の錯イオンとしての電荷の不足分を，隣接する金属イオンの Mg や Fe と結合することで補っている．イノケイ酸塩である輝石は，やや SiO_4 四面体の重合が進み，SiO_4 四面体が単鎖状に連結した構造をつくる．SiO_4 四面体の両側の酸素が共有されているため，ケイ酸塩は $[SiO_3]^{2-}$ 錯陰イオンとみなすことができる．輝石の構造では，SiO_4 四面体の頂点酸素は，2 個が架橋酸素として錯陰イオンの電荷の不足分を補い，2 個が非架橋酸素として Mg などの金属イオンと結合することで電荷の不足を補っている．

一方，ケイ酸濃度が相対的に高くなると，SiO_4 四面体の重合の方が卓越的に進行する．テクトケイ酸塩である石英は，SiO_4 四面体の頂点酸素の 4 個すべてが架橋酸素となり，三次元フレームワーク状構造を構築している．このとき，SiO_4 四面体の頂点酸素の不足する電荷は，すべて他の SiO_4 四面体と重合することで補完されるため，石英の場合は余分な他の陽イオンによって電荷を補う必要がない．このように，ケイ酸塩鉱物はケイ酸塩の重合からケイ酸濃度を判別することができる（表 9.2）．

また，ケイ酸塩鉱物ではアルミニウムも重要な役割を果たしている．地殻の存在量が酸素，ケイ素に次いで多いアルミニウムは，イオン半径が 0.39 Å であり，Al：O のイオン半径比が 0.286 である．そのため，イオン半径比則から Al は Si と同様に 4 配位をなし，ケイ酸塩のなかで Si と置換することができる．その場合，Al が置換しても，

ケイ酸塩の基本構造は変化しない．しかし，4 価である Si が 3 価の Al と置換すると，それまで中性を保っていた全体の電荷のバランスに陽イオンの不足が生じ，新たに別の陽イオンを加える必要がある．石英（SiO_2）と長石（正長石 $KAlSi_3O_8$）は，SiO_4 四面体の 4 つすべての頂点酸素が架橋酸素であるテクトケイ酸塩に属する．しかし，長石の SiO_4 四面体の一部が AlO_4 四面体に置換しているため，固体全体に正の電荷の不足が生じる．そのため，長石の構造には，全体の電荷を補うために，三次元フレームワーク状構造の隙間に，カリウムやナトリウム，カルシウムなどの陽イオンを配位させ，それによって全体の総電荷を保っている．

このように，ケイ酸濃度が増加していくにつれて，SiO_4 四面体の重合は，SiO_4 四面体同士がまったく重合せずに独立しているネソケイ酸塩から，

1 つの酸素が架橋酸素となり 2 つの SiO_4 四面体が連結したソロケイ酸塩，2 つの酸素が架橋酸素であるサイクロケイ酸塩，イノケイ酸塩（二重鎖では一部の SiO_4 四面体は架橋酸素 3 つ），3 つの酸素が架橋酸素であるフィロケイ酸塩，4 つすべての頂点酸素が架橋酸素であるテクトケイ酸塩まで変化する．この重合度の変化は，マグマの温度変化とも関係している．つまり，マグマが高温から低温に移るにつれて，ケイ酸塩鉱物の晶出順序は，融点の高いネソケイ酸塩から相対的に融点や分解温度の低いフィロケイ酸塩の方向に進行する．このような晶出順序は，有色鉱物に対してよくあてはまる．古典的な**ボーエン（Bowen）の反応系列**では，鉱物の晶出順序を不連続反応系列（有色鉱物）と連続反応系列（無色鉱物の斜長石）としてまとめている（図 9.22）．

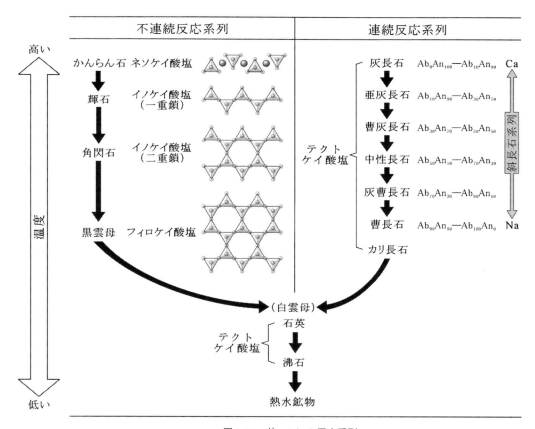

図 **9.22**　ボーエンの反応系列
マグマ冷却に伴う鉱物の結晶化（不連続反応系列）と鉱物組成の関係（連続反応系列）．

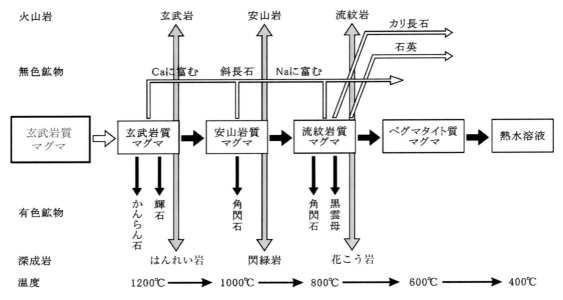

図 9.23　ボーエンの反応系列とマグマの結晶分化作用

　ボーエンの反応系列とマグマの結晶分化作用との対応は図 9.23 のようになる．相対的にケイ酸よりも金属イオンの濃度に富む玄武岩質マグマが地下深部でゆっくりと冷却すると，有色鉱物では融点の高いネソケイ酸塩であるかんらん石が晶出する．無色鉱物では，融点が高い Ca に富む斜長石が結晶化し，カンラン石はマグマより高密度なのでマグマだまりの下の方に沈殿（沈降）する．このときのマグマの温度は，約 1,200℃ である．玄武岩質マグマから，Mg，Fe，Ca が減少したことで，マグマの組成は安山岩質マグマの組成の方向に変わり，ここでさらに温度が下がると，有色鉱物では次に融点が高いイノケイ酸塩の輝石，無色鉱物では Ca よりもイオン半径の大きい Na を多く取り込んだ斜長石が晶出する．そして，輝石も斜長石もマグマだまりの下方に沈殿する．それによって，残りのマグマの組成も Mg，Fe，Ca が減少し，相対的にケイ酸濃度が徐々に増加することで，マグマの組成は安山岩質マグマから，さらにデイサイト（石英安山岩）質マグマの組成に変化する．このときのマグマの温度は約 1,000℃ である．マグマの温度がさらに低下すると，これま

で晶出した鉱物には入らなかった H_2O がマグマに濃集し，有色鉱物では含水のイノケイ酸塩（二重鎖）である角閃石，無色鉱物では Na に富んだ斜長石が結晶化する．このときのマグマの温度は約 900℃ である．この段階で，残りのマグマは Mg，Fe，Ca に乏しく，Si，K，H_2O が多くなり，マグマの組成は流紋岩質マグマの組成に変化する．流紋岩質マグマでは，有色鉱物ではフィロケイ酸塩である黒雲母，無色鉱物ではカリ長石，石英が晶出するようになる．このときのマグマの温度は約 800℃ である．実際のマグマでは，晶出時の条件の違いによって結晶化の順序や鉱物の種類が変化することも知られている．

　造岩鉱物の風化作用に対する強度（抵抗度）は，ボーエンの火成岩鉱物の晶出順序にほぼしたがって増加する．つまり，ケイ酸塩鉱物のなかで最も初期に結晶化するかんらん石は，風化に対して最も弱い鉱物であるのに対し，最末期に結晶化する石英は，風化に対して最も強い鉱物である．このような風化に対する反応系列のことを，とくに**ゴールディッチ（Goldich）の風化反応系列**という．

■コラム |||||||||||||||||||||||||||||||||||||||||||||||||||||||||

合成ダイヤモンドの叙事詩

　地球上の鉱物のなかで，ダイヤモンドほどその話題に事欠かないものはない．それは，ダイヤモンドのきらめく光彩とそれがもつ巨大な価値に魅せられた人々の物語だけではない．ダイヤモンドは最も軟らかい石墨とおなじ炭素でできている．それにもかかわらず，その硬度はこの宇宙に存在する物質のなかで突出して高い．さらに，絶縁体であるにもかかわらず，熱伝導性に非常に優れた物質である．科学者たちは，この不思議な性質をもつ炭素の結晶を，自分たちの力で自由につくり出すことを夢見て，飽くなき挑戦を続けてきた．

　ダイヤモンドが比較的容易に合成できるようになったのは，ごく最近のことである．それまでは，ダイヤモンドは人間の力による生成を容易には許してくれなかった．人類が初めて合成ダイヤモンドの成功に近づいたのは，18～19 世紀にかけて活躍したフランスの化学者モアッサン（Joseph Henri Moissan：1852～1907）の実験によってである．モアッサンは，3,000℃に達する電気炉を開発し，高温状態のなかで溶けた鉄に炭素を溶解させ，それを急冷することでダイヤモンドを合成する実験を試みた．実験の結果，モアッサンは装置のなかに非常に硬い結晶をつくりだすことに成功した．モアッサンはこれがダイヤモンドの結晶であると確信したが，後にこの結晶は実験中に不純物として混入した Si と炭素が結合した炭化ケイ素（SiC）の結晶であることが判明した．しかし，彼の高温電気炉の開発は，この後の科学の進歩に大いに貢献した．彼はこの功績が認められ，1906 年にノーベル化学賞を受賞した．また，彼が合成した炭化ケイ素の結晶は，その後ダイヤモンドとともに天然からも発見され，その鉱物には彼の名前にちなみモアッサナイト（moissanite）という鉱物名が付けられている．

　1955 年，アメリカのゼネラルエレクトリック社によって，ついに人類の手によって初めて，ダイヤモンドの合成に成功した．彼らの方法は，基本的にはモアッサンの方法にしたがっているが，彼らはモアッサンが溶媒として用いた鉄にコバルトやニッケルを加えた．そして，これを 5 万 4,000 気圧，1,400℃という高温高圧にすることにより，ダイヤモンドの結晶粉末を人工的につくることに成功した．この成功によって人工ダイヤモンドに道筋がつけられると，その後の発達は急速であった．現在では，微粒子，焼結体といったさまざまな形状のダイヤモンドが工業的規模で大量生産されている．大粒の単結晶ダイヤモンドの育成技術も著しい発展を遂げた．これまで合成された単結晶ダイヤモンドで最も大きいものは，南アフリカのデ・ビアス社が 1992 年に製造した 34.80 カラット（6.96 グラム，約 1.8 cm）のダイヤモンドの結晶である．しかし，これまで人類が掘り出したダイヤモンドで最大のものは，1905 年に南アフリカで発見されたカリナンと名づけられたダイヤモンドである．そのダイヤモンドの大きさは，なんと 3,106 カラットである．これほど桁ちがいに巨大なダイヤモンドをつくりだせる地球という創造物を前にすると，私たちはただただ謙虚にならずにはいられない……．

第10章　火 成 岩

　火成岩とは，上部マントルあるいは地殻などで何らかの要因により部分的に溶けて生じた液相（メルト）の集合体である"マグマ"が地上に噴出，あるいは地下で冷却・固化した岩石である．現在の地球上の地殻（大陸地殻，海洋地殻）を構成する岩石は，火成岩，変成岩，堆積岩など多様であるが，それらの岩石は地下深部で発生したマグマが上昇し，地殻内や地上に噴出して固化した岩石がもととなり，さまざまな物理的・化学的変動を繰り返し形成された岩石ということができる．このような点をふまえると，火成岩の形成は地殻の進化にとって重要な役割を果たしてきたといえよう．火成岩のなかには，上述のようにマグマがそのまま固化したものもあれば，マグマから晶出した鉱物が液相部分から分離・集積してできたものもあるし，部分溶融によりマグマが移動し，溶け残った鉱物だけが集積したものも含まれている．ここでは，これらを総称して火成岩とよぶことにする．

　ここで，マグマと火成岩との関係について少し付け加えておく．一般的には「マグマの組成＝火成岩の組成」と考える場合が多いが，実際には冷却・固化の際にはマグマ中の揮発性成分（H_2O，CO_2など）の大部分が外部に放出されているので，厳密な意味ではマグマと火成岩の組成は等しくな

い．しかしながら，揮発性成分が少量であると仮定すると，マグマの組成を火成岩の組成と考えてもよいということになる．

　この章では，地殻やマントルの主要構成物である火成岩について，その基礎的分類や名称，岩石系列，産状，またそれらの火成岩のもととなるマグマの生成やその多様性およびマグマ活動（火成活動）とテクトニクスについて解説する．また，我々の社会生活に影響を及ぼす火山噴火についても触れる．

（1）火成岩の基礎

火成岩の分類と命名

　火成岩は，一般にはマグマが地表に噴出して形成される火山岩と地下で冷却・固化してできる深成岩とに分けられる．また，この他にマグマが地下浅所に貫入してできる貫入岩も存在する．火成岩は，おもに組織と組成（鉱物組成，化学組成）を基準に区分されることが多い．一般に火山岩はマグマの中ですでに結晶として存在していた斑晶鉱物と，それをとりまくマグマの中の液相から急冷してできた細粒の鉱物やガラスから成る石基から構成され，それらには斑状組織がみられることが多い．一方，深成岩は地下深所でゆっくり冷えて結晶が成長し，粗粒で等粒状組織を示す場合が

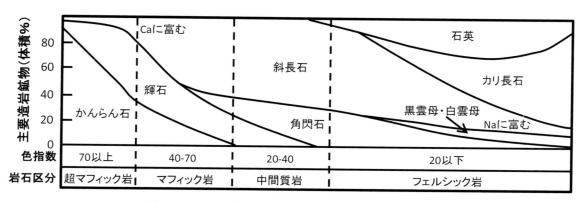

図 10.1　アルカリ成分が少ない火成岩の主要鉱物組み合わせ

表 10.1 代表的な火成岩の分類

＜色指数＞ 岩石区分	粒度	＜70以上＞ 超マフィック岩	＜40～70＞ マフィック岩	＜20～40＞ 中間質岩	＜20以下＞ フェルシック岩
アルカリ成分が 少ない岩石	細粒	コマチアイト	玄武岩	安山岩	デイサイト，流紋岩
	中粒		粗粒玄武岩	ひん岩	花こう斑岩
	粗粒	かんらん岩， 輝岩	はんれい岩	閃緑岩	花こう閃緑岩， 花こう岩
アルカリ成分が 比較的多い岩石	細粒	キンバーライト	アルカリ玄武岩	粗面安山岩， ミュージアライト	粗面岩
	中粒		アルカリ粗粒玄武岩	モンゾニ斑岩	閃長斑岩
	粗粒		アルカリはんれい岩	モンゾニ岩	アダメロ岩，閃長岩
アルカリ成分が 非常に多い岩石	細粒		ベイサナイト， かんらん石ネフェリナイト	テフライト	フォノライト
	中粒		テッシェナイト	ネフェリンモンゾニ斑岩	チングアイト
	粗粒		エセックサイト， アイジョライト	ネフェリンモンゾニ岩	ネフェリン閃長岩

多い．これら火山岩と深成岩の中間的な組織を示す岩石として貫入岩（浅所貫入岩）もある．ただし，この分類法はおもに鉱物組織に基づいた分類で広く使われているが，この分類とは一致しない火成岩も少なくない．

鉱物組成とは，火成岩を構成する鉱物とその組み合わせのことであり，主要構成鉱物は石英，長石（斜長石＋アルカリ長石），準長石などのフェルシック鉱物と，かんらん石，輝石，角閃石，黒雲母などのマフィック鉱物に分類される．このうちマフィック鉱物の量比（体積％）を色指数という．この色指数によって火成岩は，超マフィック（苦鉄質）岩（色指数＞70），マフィック（苦鉄質）岩（色指数70～40），中間質岩（色指数40～20），フェルシック（ケイ長質）岩（色指数＜20）に区分される．この4つの岩石（アルカリ成分が少ないもの）の主要鉱物組み合わせを，図10.1に示す．この図から，マフィック岩にはかんらん石，輝石，Caに富む斜長石などが多く，一方フェルシック岩には，角閃石，黒雲母，白雲母，石英，アルカリ長石，Naに富む斜長石が多いことがわかる．色指数や鉱物の粒度などを基準にした火成岩の分類を表10.1に示す．

この鉱物組成に基づいた区分とは別に，化学組成（主化学組成）に基づいた区分も重要な火成岩の分類法である．火成岩の造岩鉱物の多くは，おもにSi（ケイ素）とO（酸素）からなるSiO_4四面体が基本構造をつくるケイ酸塩鉱物であり，その主化学組成は，Si, Ti（チタン），Al（アルミニウム），Fe（鉄），Mn（マンガン），Mg（マグネシウム），Ca（カルシウム），Na（ナトリウム），K（カリウム），P（リン）などの元素の酸化物が複合した形（重量％）で表される．したがって，火成岩の全岩主化学組成も，これらの酸化物の形で表現されるのが一般的である．主化学組成のなかでSiO_2が最も多く，その含有量によってある程度分類ができる．

代表的な岩石（火山岩と深成岩）の全岩主化学組成を表10.2に示す．表からもわかるように，SiO_2が少ないとFeO, MgO, CaOなどが多く，Na_2O, K_2Oなどのアルカリ成分が少ない．逆にSiO_2が多い岩石では，FeO, MgO, CaOなどが少なく，Na_2O, K_2Oなどが多い．このSiO_2含有量を基準にして，火成岩は超塩基性岩（SiO_2＜45重量％），塩基性岩（SiO_2＝45～52重量％），中性岩（SiO_2＝52～66重量％），酸性岩（SiO_2＞66重量％）に分類されることがある．また，SiO_2と$Na_2O + K_2O$（ともに重量％）をもとにした火成岩の分類も一般的に用いられている（図10.2）．この図では，$Na_2O + K_2O$が比較的多いアルカリ岩

表 10.2　代表的な火成岩の平均全岩主化学組成

(重量 %)	玄武岩	安山岩	デイサイト	流紋岩	はんれい岩	閃緑岩	花こう閃緑岩	花こう岩
SiO_2	49.20	57.94	65.01	72.82	50.14	57.48	66.09	71.30
TiO_2	1.84	0.87	0.58	0.28	1.12	0.95	0.54	0.38
Al_2O_3	15.74	17.02	15.91	13.27	15.48	16.67	15.73	14.32
FeO^t	10.54	6.98	4.49	2.44	10.33	7.17	3.97	2.73
MnO	0.20	0.14	0.09	0.06	0.12	0.12	0.08	0.05
MgO	6.73	3.33	1.78	0.39	7.59	3.71	1.74	0.71
CaO	9.47	6.79	4.32	1.14	9.58	6.58	3.83	1.84
Na_2O	2.91	3.48	3.79	3.55	2.39	3.54	3.75	3.68
K_2O	1.10	1.62	2.17	4.30	0.93	1.76	2.73	4.07
P_2O_5	0.35	0.21	0.15	0.07	0.24	0.29	0.18	0.12
合 計	98.1	98.4	98.3	98.3	97.9	98.3	98.6	99.2

FeO^t は，全 Fe 含有量を FeO として示した値. 分析値は Le Maitre（1976）による.

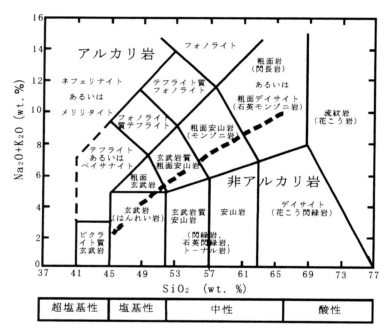

図 10.2　火成岩の化学組成に基づいた区分
火山岩（組成の対応する深成岩）を区分して示す. 図中の太い破線は，アルカリ岩と非アルカリ岩の境界を示す. Best and Christiansen（2001）と Le Maitre（2002）を改変.

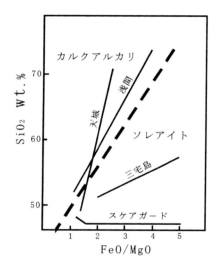

図 10.3　ソレアイト岩系とカルクアルカリ岩系の区分図
図中の破線がソレアイト岩系とカルクアルカリ岩系の境界線を示す. 代表的な火成岩のデータ分布を直線で示す. Miyashiro（1974）に基づく.

と少ない非アルカリ岩に区別できる. また，FeO / MgO-SiO$_2$ 図（図 10.3）などで，非アルカリ岩をさらにソレアイト岩（系）とカルクアルカリ岩（系）に分類することができる.

以上に述べてきた分類法を基準に，超マフィック岩，マフィック岩，中間質岩，フェルシック岩に分けて，それぞれの細分や代表的な岩石に関して以下に簡単な解説を行う.

超マフィック岩

超マフィック岩は，ほとんど（＞70 体積%）マフィック鉱物（かんらん石，輝石，角閃石など）だけから成り，少量の斜長石などを含む岩石である. これらの岩石の多くは超塩基性岩に分類されるが，一部は塩基性岩に入る. おもな超マフィック岩は，かんらん岩，輝岩，コマチアイト，キンバーライトなどがある. かんらん岩と輝岩は，おもに

上部マントルを構成している岩石であるが，大規模層状貫入分化岩体の一部などにみられることもある．コマチアイトは，かんらん石や輝石などと，それらの変質鉱物による特異な組織をもち，これらはおもに始生代のグリーンストーン帯に分布する．キンバーライトは，雲母を含むかんらん岩に類似し，始生代の大陸地域に火山性噴火によって形成されたと考えられるパイプ状の小岩体として産することが多い．この岩石はダイヤモンドを包有物として含むことがある（例：アフリカ南部のキンバリー地域など）．

マフィック岩

マフィック岩は，おもに塩基性岩に相当し，マフィック鉱物（70～40 体積％）と Ca に富む斜長石を主成分鉱物としている．おもなマフィック岩には，玄武岩，ドレライト，はんれい岩などがある．玄武岩は，マフィック火山岩の代表的岩石で，中央海嶺や海洋地域，島弧や大陸縁部の沈み込み帯などさまざまな地域（テクトニクス場）に分布する．また，大陸地域に洪水玄武岩とよばれる，大量の玄武岩が噴出してできたものもある．玄武岩は，岩石系列によって含まれる鉱物や組織にちがいがみられることが多い．代表的な区分は，ソレアイト質玄武岩，カルクアルカリ玄武岩，アルカリ玄武岩である．かんらん石のとくに多い玄武岩をピクライト質玄武岩とよぶ．ドレライトは岩脈状をなすことが多く，化学組成上は玄武岩に相当する．はんれい岩は，ドレライトに比べ粗粒で完晶質な岩石で，Ca に富む斜長石と輝石，かんらん石，角閃石などのマフィック鉱物から構成される．はんれい岩も含まれる鉱物種によってさらに細分される．

中間質岩

中間質岩は，おもに中性岩に相当し，マフィック鉱物を 20～40 体積％含むものであり，安山岩質の火山岩や深成岩の閃緑岩はこれらの代表的な岩石である．中間質岩は，非アルカリ岩系のものとアルカリ岩系のものとに区分できる．非アルカリ岩系の中間質岩には，安山岩，ひん岩，閃緑岩，石英閃緑岩，トーナル岩などがある．安山岩には，ソレアイト岩系の安山岩とカルクアルカリ岩系の安山岩がある．カルクアルカリ安山岩には，しばしば非平衡な鉱物組み合わせがみられることがある（たとえば比較的高温でできる Mg に富むかんらん石と，低温でできる石英が共存）．また，斑晶鉱物に逆累帯構造（斜長石などでは，結晶の中心が Na に富み，外側が Ca に富む構造）をもつものも存在する．ひん岩は，安山岩と閃緑岩の中間的な組織を示す．閃緑岩は，カルクアルカリ岩系の粗粒な中間質岩であり，その鉱物組成で，石英を比較的多く含むものは石英閃緑岩やトーナル岩に分類される．一方，アルカリ岩系の中間質岩には，粗面安山岩，ミュージアライト，モンゾニ斑岩，モンゾニ岩などがある（表 10.1）．

フェルシック岩

フェルシック岩は，おもに酸性岩に相当し，マフィック鉱物を＜20 体積％含むものであり，非アルカリ岩とアルカリ岩に区分される．非アルカリ岩系の火成岩には，おもに流紋岩，デイサイト，花こう斑岩，花こう岩，花こう閃緑岩などがある．流紋岩は，マグマの流動によってつくられた流理構造が特徴的である．黒曜岩は，流紋岩質マグマが急冷してできたガラス質の岩石である．花こう斑岩は，浅所貫入型のフェルシック岩で，流紋岩と花こう岩の中間的な組織をもっており，斑状を示すことが多い．花こう岩と花こう閃緑岩は，フェルシックな火成岩の中でも地球上に広く分布する岩石で，地殻の重要な構成岩である．花こう岩や花こう閃緑岩に他の深成岩を含めて，花こう岩質岩とよぶことが多く，それらは図 10.4 に示されるように石英 — 斜長石 — アルカリ長石の量比によって区分されている．図10.4で示した花こう岩，アダメロ岩の部分が，広義の花こう岩で，それら

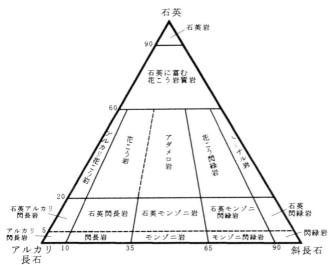

図 10.4　花こう岩質岩の分類と命名
石英 ― 斜長石 ― アルカリ長石の量比による分類
（アダメロ岩と花こう岩を広義の花こう岩とよぶ）.
Streckeisen（1976）による.

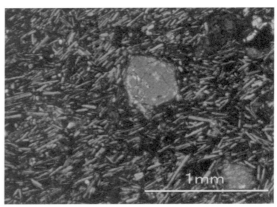

図 10.5　かんらん石玄武岩
兵庫県豊岡市玄武洞.

よりもアルカリ長石が減ると花こう閃緑岩に分類
される. また, 石英の量が減少すると, 石英閃長
岩, 石英モンゾニ岩, 石英モンゾニ閃緑岩などに
分類される.

火成岩の産状と組織

　火成活動の結果として形成された火成岩は, 地
表の火山岩や火砕岩として直接我々の目に触れる
岩石である. また地下で形成された深成岩や貫入
岩も, 造山運動などにより隆起・侵食・削剥さ
れ, 地表に露出したものを直接観察することがで
きる. 火成岩の産出形態（産状）はさまざまであ
り, またテクトニクス場によっても多様な産状を
示す. ここでは, 火成岩を火山岩（あるいは噴出
岩）, 貫入岩, 深成岩に区分し, それぞれの産状
について述べる.

火山岩（噴出岩）の産状と組織

　火山岩（噴出岩）の産状としては, 溶岩, 火砕
岩がある. 溶岩は, 地表に流出したマグマを指す
が, 噴出した溶岩が固化して生じた岩石を表すこ

ともある. 野外で観察される溶岩の形態は, その
マグマの粘性に関連している. また, マグマの粘
性は, その化学組成やガス成分（H_2O など）の量,
温度, 圧力, 含む結晶の量に起因しているが, 一
般にマフィック（玄武岩質）溶岩は粘性が低く,
フェルシック（デイサイト・流紋岩質）な溶岩ほ
ど粘性が高い. 地表で観察できる溶岩は, 表面の
形状と内部構造などから, パホイホイ溶岩, アア
溶岩, 塊状溶岩に分類される. パホイホイ溶岩
は, 高温で粘性の低い玄武岩質溶岩にみられるこ
とが多く, 表面はなめらかな形状をしている. こ
のような溶岩が水中で流動すると, 枕状溶岩が形
成される. アア溶岩は, パホイホイ溶岩よりも温
度が低く, 粘性の高い玄武岩質溶岩にみられるこ
とが多く, 溶岩の表面と下底面は, クリンカーと
よばれるガサガサした表面をもつ岩塊の集合体か
らなる. 塊状溶岩は, 粘性の高い玄武岩質溶岩や,
安山岩質, デイサイト質, 流紋岩質溶岩に形成さ
れる. 図 10.5 に玄武岩の偏光顕微鏡写真を示す.
粗粒なかんらん石斑晶のまわりに細粒の結晶とガ
ラスとでできた石基をもつ斑状組織を示している
ことがわかる.

　次に火砕岩であるが, 火山砕屑物が固化して形
成された岩石を火砕岩という. 火砕岩については,
火山の章で述べる.

貫入岩の産状と組織

　貫入岩とは，地殻浅所にマグマが貫入してできた岩石の総称である．貫入岩には，大きく分けて，岩脈，岩床，ロポリス，ラコリス，ファコリスなどがある．岩脈は，周囲の岩石の構造を切って貫入したマグマが固化したもので，平板状の形態を示すことが多い．岩床は，大陸地域内で地表近くの堆積岩などの層理面にマグマが貫入するときにできることが多く，ドレライト，はんれい岩などのマフィック岩で構成されることが多い．ロポリスは，岩床に構造は類似するが，中央部が盆地状にくぼんだ大規模な岩体（およそ数百 km）である．南アフリカの Bushveld 岩体や，北米モンタナ州の Stillwater 岩体などが有名である．これらの岩体では，下部から上部に向かって，かんらん岩，輝岩，はんれい岩などが層状構造をつくっている．このような貫入岩体を層状貫入分化岩体という．ラコリス，ファコリスは，岩床とロポリスの中間的な構造をしたもので，いずれも小規模岩体として産する．貫入岩は，火山岩のように斑状組織を示すものと，深成岩のように粗粒で等粒状組織を示すものとがある．

深成岩の産状と組織

　ここではおもに深成岩のなかでも地球上に広く分布する花こう岩質岩（花こう岩，花こう閃緑岩，トーナル岩，石英閃緑岩，閃緑岩など）の産状について述べる．花こう岩質岩は，一般に大規模な岩体をなすものから小規模なものまで，さまざまである．大規模な岩体は，バソリスとよぶことが多い．大陸地域には，これらバソリスや中規模—小規模岩体が複合してできた複合岩体などが多く産出する．日本などの島弧では，比較的小規模な岩体として産することが多い．花こう岩質岩は，周囲の堆積岩や変成岩の構造と非調和に貫入していて，岩体内部に面構造などがみられないものから，周囲の岩石に調和的に貫入し，岩体の内部に鉱物の定行配列による線構造や面構造がみら

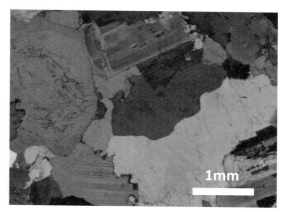

図 10.6　花こう岩
筑波山．

れる岩体まで，多種多様である．深成岩には，累帯深成岩体とよばれ，周辺部から内側に向かって異なった岩石種が帯状に分布する岩体を形成するものも多い．代表的な花こう岩の偏光顕微鏡写真を図 10.6 に示す．粗粒で等粒状な組織であることがわかる．

(2) マグマの生成・組成変化と火成岩の多様性

　地表でみられる火成岩が，前項で述べたように多様な組織や組成を示していることは，それらの火成岩を形成したマグマが多様であるということを示している．マグマの組成の多様性をもたらす要因としては，地下でマグマがどのように生成されるかということと，生成されたマグマが地殻中を上昇・冷却してゆく過程でどのような変化があるか，ということに関連している．また，異なったテクトニクス場では，異なったマグマが生じている．ここでは，主要なマグマの生成とマグマ生成後の組成変化，およびマグマ活動とテクトニクスについて述べることにする．

マグマの生成とマグマの組成変化

　マグマは，マントルや地殻の岩石が溶融することで生成される．溶融の程度や溶融時の温度・圧力条件の違いによって多様な組成のマグマが生じる．マグマの組成は，その後の上昇過程でも変化

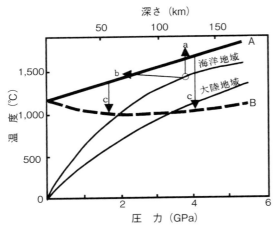

図 10.7　海洋地域と大陸地域の地下の地温分布
実線 A は，無水のかんらん岩のソリダス（固相線）.
破線 B は，含水かんらん岩のソリダス（固相線）.

する．ここでは，既存岩石の部分溶融，マグマの結晶分化作用，マグマによる地殻物質の混合，異なったマグマの混合について述べることにする．

部分溶融

　部分溶融とは，既存の岩石が完全に溶融することなく部分的に溶けて液体（メルト・マグマ）ができることをいう．玄武岩質マグマの多くは，上部マントルを構成しているかんらん岩類が部分的に溶融してできたものと考えられている．そこで，部分溶融はどこでどのようにして起こるのかについて簡単な図を用いて解説する．

　図 10.7 には，地下深部，おもに上部マントルの深さでの海洋地域と大陸地域の地温勾配曲線が描かれている．また，図の直線 A は上部マントルのかんらん岩のソリダス（固相線，あるいはかんらん岩の溶融開始線）で，この線を高温側に超えると，かんらん岩が部分的に溶融し始めることを意味している．直線 A を高温側に超えた部分では，部分的に溶けた液（メルト）と溶け残りのいくつかの種類の結晶（固相）が共存する状態になっている．実際に，図のような海洋地域と大陸地域の推定される地温勾配曲線がソリダスの低温側にある場合には，かんらん岩は溶融しない．つ

まり溶けたメルトが集まってマグマが生成することはないことになる．

　ところが，地球上のさまざまなところでマグマが噴出している．このマグマの生成の可能なプロセスが図に示されている．海洋地域のある深さ（図10.7 の〇印）でマグマの基となるメルトが発生する場合，3 つのプロセスが可能である．1 つ目は，何らかの要因で局所的に高温な状態になり，温度上昇し，ソリダスを超える場合（図 10.7 の a）で，2 つ目は，局所的に減圧され結果的にソリダスの高温側に超える場合（図 10.7 の b）である．3 つ目は，地球上のプレートの沈み込み帯などで推測されているもので，沈み込むプレートから放出された水（H_2O）が上部マントルのかんらん岩に加わることによって，図 10.7 の c で表されるようにソリダス（直線 A）が，低温側にシフト（かんらん岩の融点が下がる）した場合である．この場合，結果的に地温勾配曲線がソリダス（B）の高温側にくるので，部分溶融が可能となる．

　このように，3 つの条件のどれかが可能となったときにメルトが生じ，それらが集まってマグマができることになる．実験岩石学的に明らかとなった，マントルのさまざまな温度・圧力条件下でできるマグマの種類のちがいが図 10.8 に示してある．たとえば比較的低温・低圧では，ソレアイト質玄武岩が，高温・高圧ではアルカリピクラ

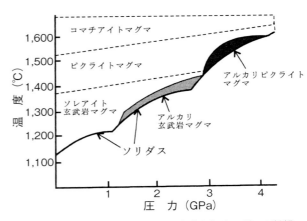

図 10.8　マントルの温度・圧力条件と初生マグマの種類
Takahashi and Kushiro（1983）による．

イト質マグマが形成されることがわかる．また，かんらん岩中の H_2O や CO_2 などの揮発性成分の量によっても異なったマグマができることがわかってきている．

　部分溶融過程は，マントルの条件下だけでなく，大陸や島弧などの地域の中部 ― 下部地殻でも生じうる．それらの地域の中部 ― 下部地殻が，マントルで生じた玄武岩質マグマなどの活動によって熱せられた場合，中部 ― 下部地殻のソリダスを超え，部分溶融し，中間質岩を形成する安山岩質マグマや，フェルシック岩を形成する花こう岩質（流紋岩質）マグマなどが生成されることが多いと考えられている．ただ，一部の安山岩質マグマは，上部マントルの部分溶融で生成されるという実験的結果も出されている．

結晶分化作用

　上部マントルや地殻下部で部分溶融により生じたマグマが，地殻内を上昇し，冷却するときに，マグマ中では一般的に融点の高い結晶から順に結晶化が起きる．このとき，晶出する結晶の化学組成は，もとのマグマの組成と一致しないことが多い．

　たとえば，玄武岩質マグマの初期に晶出する Mg に富むかんらん石の組成は，もとのマグマの組成とは明らかに異なっている．輝石や Ca に富む斜長石も同様である．このように，もとのマグマとは異なった組成の結晶（複数の場合が多い）が晶出することで，残りのマグマ中の液相（メルト）部分の組成は変化してゆくことになる．

　もし，晶出した結晶が比重などのちがいにより順次マグマから取り去られると，順次異なった組成のマグマができることになる．このような過程を結晶分化作用（分別結晶作用）とよぶ．一般に，鉱物の晶出する順番は，マフィック鉱物においては，Mg に富むかんらん石 → Mg の富む輝石・Ca に富む輝石 → 角閃石 → 黒雲母（白雲母）で，フェルシック鉱物では，Ca に富む斜長石 → 中性斜長石 → Na に富む斜長石 → アルカリ長石・石英である．このような結晶の晶出の順番は，形成される岩石の鉱物組み合わせと調和している（図 10.1）．

　この結晶分化作用によって，分化の進んだ玄武岩質マグマや，安山岩質マグマ，デイサイト質マグマが形成されることがある．この結晶分化作用で，未分化な玄武岩質マグマから流紋岩質マグマなどのフェルシックマグマの形成は，理論的には可能であり，この過程を完全に否定することはできない．しかしながら，この過程では，最終生産物の流紋岩質（花こう岩質）マグマをつくるには莫大な量の玄武岩質マグマを必要とすることになる．したがって，この過程での説明には無理があり，可能性としては低いと考えられている．実際，大陸地殻には多くの花こう岩質岩が分布している．これらの花こう岩質岩類は，元素組成や同位体組成などから，成因的には地殻物質の再溶融（部分溶融）などによって生成された可能性が高いと考えられている．

地殻物質の混合

　マグマ生成後の組成変化の過程として，マグマが上昇するときの周囲の地殻物質（堆積岩，火成岩など）の混合・同化がある．上部マントルや下部地殻などで生成された初期マグマが地殻内を上昇中に，周囲の堆積岩や火成岩などを取り込み，さまざまな程度に溶かし込み，マグマ中に同化することによって，元のマグマとは組成の異なったマグマができることがある．このような過程を同化作用とよぶ．同化作用は，大陸や島弧などの比較的厚い地殻をもつ地域で生じることが多く，中間質岩からフェルシック岩などの形成に関して，この過程で説明がつくことがある．

マグマ混合

　マグマの組成の多様性をもたらす要因の一つに，マグマ混合がある．マグマ混合とは，異なる組成をもったマグマが混合することで，もとのマ

グマとは異なる組成のマグマができる過程である．マグマ混合は，海嶺や海洋島などで生じる玄武岩質マグマ同士の混合や，大陸や島弧地域でのマフィックマグマとフェルシックマグマとの混合など，さまざまである．マグマ混合は，地下浅所のマグマ溜りで起こることも多い．類似の組成をもつマグマ同士の混合は，証拠をみつけにくいが，組成の異なるマグマ同士の混合は，混合したマグマの鉱物組成や化学組成などから，ある程度特定できる．とくに日本などに多い安山岩質マグマの場合には，マフィックマグマとフェルシックマグマの混合で生じることもあり，その証拠として，斑晶鉱物（斜長石や輝石など）の組成累帯構造や非平衡な鉱物組み合わせ（高温でできるものと低温でできるものとが共存している）などがある．化学組成や同位体組成からマグマ混合を推定することも可能である．

マグマ活動とテクトニクス

地球上におけるマグマ活動は，どこにでも生じ

るわけではなく，前項でも述べてきたように，マグマの生成に関しては物理的・化学的条件がある．その条件が満たされたところにマグマは生じ，マグマ活動が起こる．図10.9には，世界の火山の分布を示してある．マグマ活動の起こる場所をプレートテクトニクスの観点から区分すると，以下のようになる．

（ⅰ）プレート境界沿い
　　ⅰ-1．プレート拡大軸（海嶺）
　　ⅰ-2．沈み込むプレート境界の陸側沿い（沈み込み帯）
（ⅱ）プレート内部（ホットスポット）
　　ⅱ-1．海洋プレート内部
　　ⅱ-2．大陸プレート内部

地球表面上でマグマ活動（火山活動）が盛んな場所は，プレート拡大軸（海嶺）である．マグマの生産量はこの地域が最も多い．ただ海嶺のほとんどは海洋底に存在し，アイスランドなど陸上に

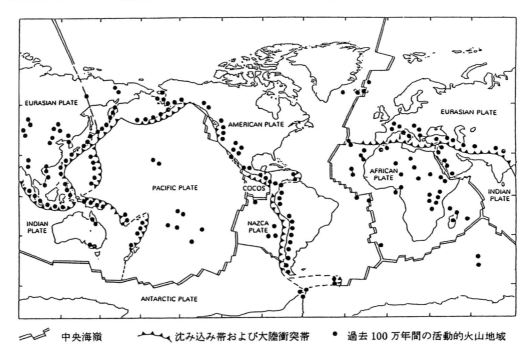

図10.9　世界の活動的火山の分布
Wilson（1989）を改変．

現れているところは稀なので，その活動を直接見ることは少ない．また，沈み込むプレート境界の陸側沿い（沈み込み帯）でもマグマ活動は盛んである．このような場所には，日本列島のような島弧や南米アンデスなどの陸弧などがある．プレート内部（ホットスポット）では，ハワイなどの火山島やタヒチやセントヘレナなどの東太平洋の巨大海台などの海洋プレート内部の地域で起こるマグマ活動や，ユーラシア大陸やアフリカ大陸などの大陸内部の地域で起こるマグマ活動がある．

　これらのマグマ活動の産物として，地表にできる火山岩や地下で固化する深成岩などがある．プレート拡大軸では，おもにソレアイト岩系のマフィックな火成岩（玄武岩，はんれい岩など）が形成される．日本や南米アンデスなどの沈み込むプレート境界の陸側沿いでは，マフィック岩からフェルシック岩までの多様な岩石が形成される．海洋プレート内部のマグマ活動では，おもにマフィック岩が形成されるが，プレート拡大軸のマフィック岩とは組成を異にし，アルカリ成分に富んでいることも多い．大陸プレート内部では，マフィック岩からフェルシック岩までの火成岩が形成されるが，これらはおもにアルカリ岩系の火成岩である．このように，テクトニクス場とマグマの組成とは関連することがあるため，過去の火成岩の化学組成をもとに，その形成場を推定することができる．

（3）火　山

　前項で火成岩の分類や，火成岩のもととなるマグマの生成・組成変化，マグマ活動とテクトニクスについて述べたが，この項では火山についてその噴火様式，噴出物の分類，火山の形態などについて述べる．火山は地球表層でみられるもので，我々人類の生活と何らかの形でかかわっている．また，マグマ活動やマグマから形成されたばかりの物質を直接観察・研究できるという利点もある．

噴火様式と噴出物

　火山には，実際にさまざまな噴火様式や噴火規模，形態が存在する．一般にマグマは，SiO_2 成分の多い液体であり，揮発性（ガス）成分も含まれている．火山噴火の原動力は，圧力低下に伴うマグマ中の揮発性成分（おもに H_2O と CO_2）の発泡による浮力と考えられている．噴火の様式は，マグマの化学的・物理的性質と密接に関連することがある．一般的に，マグマ中の SiO_2 濃度が低いとマグマの粘性は低く，流動性が高い．一方，マグマ中の SiO_2 濃度が高いとマグマの粘性は高く，流動性が低い．

　粘性の低い玄武岩質マグマを噴出する爆発的でない噴火の様式は，ハワイ式噴火とよばれる．噴火開始時は，溶岩噴泉が発生することがある．その後マグマは，おもに溶岩流となって火口から流下する．数分から数十分の間隔で，おもに低粘性の玄武岩質マグマや玄武岩質安山岩マグマを火口の周囲に吹き飛ばす噴火の様式は，ストロンボリ式噴火とよばれる．おもに中粘性の安山岩質マグマを爆発的に吹き飛ばす噴火は，ブルカノ式噴火とよばれ，噴煙は数 km の高さまで上がることがある．おもに高粘性のデイサイト質・流紋岩質マグマを爆発的に吹き飛ばす噴火は，プリニー式噴火とよばれ，巨大なキノコ型の噴煙（柱）は数十km の高さまで上昇することがある．マグマの粘性が高いと，気泡の成長速度が遅いため，火口の近くで急激な発泡が起こり爆発的な噴火になると考えられている．しかし，同様に高粘性のマグマであっても，脱ガス効率が良い場合は，爆発的な噴火とならず溶岩円頂丘（溶岩ドーム）を形成することもある．

　火山の爆発的な噴火により，マグマは破片状になり，空気中に放出される．放出された物質は，さまざまな形態となって火口周囲に落下する．細粒噴出物は時には成層圏まで上昇し，気流にのって広い地域に降り積もることもある．このように，マグマが破片状になり，火口から空気中に噴出し

表 10.3　火山砕屑物の分類

粒子の直径（mm）	粒子が特定の外形をもたない	粒子が特定の外形をもつ	粒子が多孔質
＞64	火山岩塊	火山弾，溶岩餅，スパター，ペレーの涙，ペレーの毛	スコリア，軽石（パミス），レティキュライト
64～2	火山礫		
＜2	火山灰		

Fisher（1961, 1966）を改変.

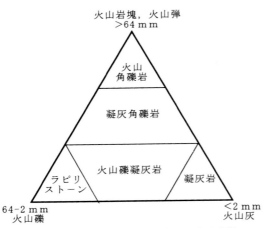

図 10.10　火砕岩の構成粒子の粒径による分類
Fisher（1966）に基づく.

て地表に堆積した物質を火山砕屑物という. また, これらが固まった物質を火砕岩という. 火山砕屑物と火砕岩の分類を表 10.3 と図 10.10 に示す. 火山砕屑物は, 砕屑粒子の大きさと内部構造により分類される. 特定の内部構造をもたないものとしては, 火山岩塊, 火山礫, 火山灰があり, 特定の構造をもつものとしては, 火山弾, 火山餅, スパターなどがある. また, 粒子が多孔質なものとして, 軽石（パミス）, スコリアなどがある. また, 火砕岩では, 火山灰が固まった凝灰岩をはじめ, 火山礫凝灰岩, ラピリストーン, 凝灰角礫岩, 火山角礫岩に分類されている. また, 火口付近の噴火堆積物は, 下位から上位にスコリア, 粗粒火山灰, 細粒火山灰の順に 1 回の噴火で生じる層（ユニット）がいくつも重なっていることが多い. その堆積層序から過去の噴火の様式や噴火頻度を推定できる. ユニットとユニットとの間には, 風化土壌が存在することが多い.

　地下のマグマの中の揮発性成分の濃度や分布を正確に把握することは, 噴火機構の理解や噴火推移の予測のためには重要である. しかし, 地表に噴出した溶岩や火山砕屑物は, 脱ガスの影響を強く受けているため, それらの分析からは地下のマグマ中の揮発性成分の濃度を知ることは難しい. 火山岩の斑晶や火山砕屑物中の鉱物結晶の中にみられるメルト包有物（図 10.11）は, マグマ中で鉱物結晶が成長する過程で結晶中に取り込まれたマグマが固化したもので, 結晶内部に閉じ込められているため, 脱ガスの影響をほとんど受けていない. そのため, 噴出前のマグマ中の揮発性成分を分析するのに最も適している試料である. メルト包有物の大きさは非常に微細であるが, 近年の局所分析機器の飛躍的な進歩により, メルト包有物の主要元素, 微量元素, 揮発性元素の濃度などを正確に測定できるようになった.

火山の形態

　火山の形態もマグマの性質や, 噴火様式のちがい, 噴火の規模, 噴火の期間などによって異なっている. 1 回の噴火だけでできた火山を単成火山とよび, 何回もの噴火の繰り返しでできた火山を複成火山とよぶ（図 10.12）. 両者を比較すると, 単成火山の方が規模が小さく, また形も単純な場合が多い. 単成火山は, 溶岩円頂丘（溶岩ドーム）やスコリア丘などを含む火砕丘などを形成する. 単成火山は, 複成火山（親火山）に付属する従属単成火山（群）と複成火山と無関係な独立単成火山（群）に区分される. 複成火山は, ある程度の長い休止期間をおいて何度も噴火を繰り返すことが多く, 構造は複雑である. また, 複成火山のうちでも, 成層火山では溶岩流と火砕噴火を繰り返

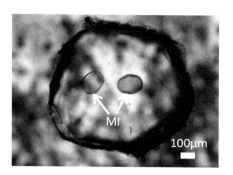

図 10.11 石英結晶中の
メルト包有物（**MI**）

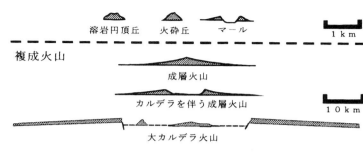

図 10.12 火山の形態と規模

し，円錐状の大きな規模の火山ができることがある．日本の富士山などはその典型である．（ハワイ型）楯状火山は，おもに玄武岩質溶岩流が何度も積み重なったもので，規模は非常に大きい．また複成火山には，大量の火砕物質を噴出し，地下のマグマ溜りに空洞が生じ，その結果陥没を起こし，大規模なカルデラを伴った火山も含まれる．

日本の阿蘇火山や十和田火山などはその代表である．さらに，日本国内では稀であるが，インドのデカン高原やアメリカのコロンビア川地域などで過去に大量の玄武岩溶岩が比較的短期間に流出し，溶岩台地を形成しているものもある．

第11章 変 成 岩

（1）変成岩の基礎
変成岩とは？
　堆積岩や火成岩などの既存の岩石が，それらが形成された場所とは異なる物理化学的条件下（たとえば，地下深部での高温高圧条件）におかれた場合，もとの岩石を構成している鉱物が不安定な状態になり，より安定な別の鉱物へと化学反応により変化する．また鉱物の種類は同じでも，鉱物粒子の大きさや配列様式などの構造が変化する場合もある．このような過程を変成作用とよび，変成作用によって形成された岩石を変成岩という．

　たとえば，堆積物が変成岩へと徐々に変化していく過程を考えてみる．堆積物は圧密によって脱水され，泥岩や頁岩へと変化していく．さらにこの岩石がより地下深部まで到達した場合，頁岩中に含まれる粘土鉱物からパイロフィライト（含水

アルミニウムケイ酸塩鉱物の一種）などのより高温で安定な鉱物が形成される．こうして形成された岩石は粘板岩とよばれ，この現象を続成作用という．この粘板岩がさらに熱や圧力などの影響を受けることによって，変成岩が形成されるのである．

変成岩の分類と命名法
　地球上にはさまざまな種類の変成岩が存在するが，その多様性の主要な原因は，変成作用の温度・圧力条件と原岩の化学組成である．おもな変成岩の名称とその原岩との関係を表 11.1 に示す．

　変成岩は，外見上の組織や構造によって，おもに結晶片岩，片麻岩，ホルンフェルスの3種類に分類される．結晶片岩（片岩）は一般的に細粒で，雲母などの鉱物が一定方向に配列した片理とよば

表11.1　おもな変成岩の名称と原岩

原岩	岩型名	結晶片岩	片麻岩
砂岩	砂質	砂質片岩	砂質片麻岩
泥岩	泥質	泥質片岩，黒色片岩	泥質片麻岩
珪岩	珪質	珪質片岩	珪質片麻岩
花こう岩	花こう岩質	珪質片岩	珪質片麻岩，花こう岩質片麻岩
玄武岩	苦鉄質	苦鉄質片岩，緑色片岩	苦鉄質片麻岩
かんらん岩	超苦鉄質	超苦鉄質片岩	超苦鉄質片麻岩
石灰岩	石灰質	石灰質片岩	石灰質片麻岩，大理石

図 11.1　顕著な片理が発達した結晶片岩
四国中央部，三波川変成帯．写真の幅は約 50cm.

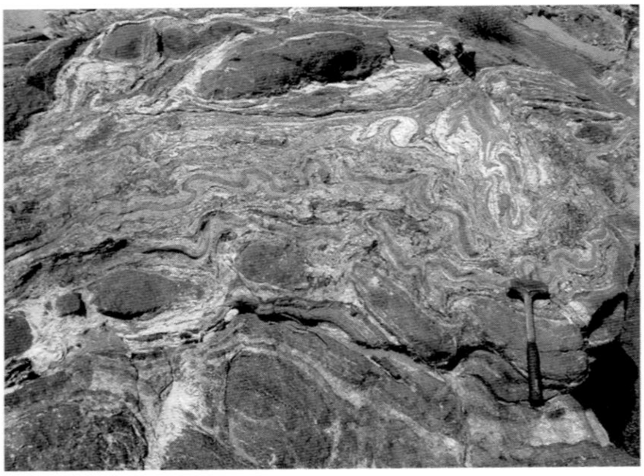

図 11.2　白色部と黒色部が繰り返す片麻岩
南アフリカ，リンポポ帯産．写真の幅は約 3m.

れる組織をもつ．図 11.1 は三波川変成帯にみられる結晶片岩であるが，片理に沿って岩石が割れている様子がみられる．結晶片岩は化学組成によりさまざまな色を呈することから，緑色片岩（苦鉄質岩起源），黒色片岩（泥岩起源）などとよばれることが多い．

　一方，片麻岩は組成の異なる縞模様が繰り返し発達した片麻状構造を呈する岩石であり，図 11.2 に示すような優白色部と優黒色部によって構成されていることが多い．ただし，苦鉄質の片麻岩は片麻状構造をもたない場合もある．片麻岩は結晶片岩よりも比較的高温の変成作用によって形成されることが多いため，粒径は結晶片岩よりも粗粒である．

　なお，変成作用が高温に達すると岩石の一部が溶融をはじめ，液体（マグマ）が存在することがある．その結果，一部溶融した組織をもつミグマタイトがつくられる．ホルンフェルスは細粒～中

粒の塊状でち密な岩石であり，一般的に結晶片岩や片麻岩のような方向性をもたない．これはホルンフェルスが比較的静的な場における温度上昇によって形成されたためであり，後述する接触変成帯において多くみられる．細粒のホルンフェルス中に紅柱石や黒雲母の結晶が粗粒に成長する場合

図 11.3　紅柱石の斑状変晶がみられるホルンフェルス
南アフリカ，東トランスバール産．写真の幅は約 50 cm.

があり（図 11.3），こうした粗粒結晶を斑状変晶という．

　なお，上記の分類にあてはまらない変成岩もみられる．たとえば大理石は石灰岩が変成作用を受けた岩石であり，おもに方解石からなる塊状の岩石である．エクロジャイトは非常に高温高圧条件下で形成される岩石で，ざくろ石と単斜輝石からなる比重の大きい岩石である．また，水が存在する状態でかんらん岩が変成作用を受けた場合，化学反応によりかんらん石から蛇紋石と磁鉄鉱が形成されるが，こうしてできた岩石を蛇紋岩とよぶ．

（2）変成作用と変成帯
変成作用の分類

　変成作用はその過程から広域変成作用と接触変成作用に分類される．

　広域変成作用は，たとえば第Ⅵ部で述べられている三波川変成岩のように，数十〜数百 km の帯状に産し，広域変成帯を形成していることが多い．こうして形成された岩石を広域変成岩とよぶ．

　一方，地殻中に火成岩マグマが貫入した場合，その周囲の岩石は局所的に加熱される．その結果，マグマとの接触部は最も高温となり，外側に向かって温度が徐々に減少するような環状の接触変成帯が形成される．こうした火成岩の熱による変成作用を接触変成作用とよぶ．一般的に接触変成帯の厚さは火成岩体の周囲数 cm 〜数 km であるが，火成岩体の規模と化学組成によって 10 km 以上の厚さに達することもある．

　それ以外に，海嶺付近における高い地温勾配と熱水作用による海洋底変成作用，隕石の衝突によって瞬間的にごく限られた地域が超高圧の変成作用を受ける衝撃変成作用，ごく浅い地殻中で温度よりも力学的な力が強くはたらいた動力変成作用などがある．

　変成作用の初期段階では，地表物質がプレートの沈み込みなどによって地下深部にもたらされ，

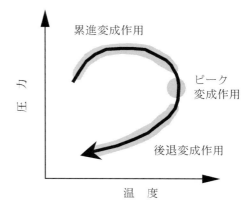

図 11.4　変成作用の段階（累進変成作用，ピーク変成作用，後退変成作用）を示す温度・圧力図

徐々に温度・圧力が上昇していく（図 11.4）．この昇温期の変成作用を累進変成作用とよぶ．この段階でさまざまな変成鉱物が出現と消滅を繰り返し，岩石が最高温度に達する（この段階をピーク変成作用とよぶ）．多くの変成岩はピーク変成作用時に形成された鉱物組み合わせを保存している．その後，岩石が上昇を始めることにより温度・圧力が徐々に減少するが，この降温期の変成作用を後退変成作用という．一般的に後退変成作用における鉱物の変化は顕著ではないが，岩石中に水が存在する場合は化学反応が進行する．

変成作用の温度・圧力

　変成岩が形成された温度・圧力条件を求めることは，その岩石が形成された深さや上昇過程などを理解するうえで重要であり，これは変成帯のテクトニクス解明に役立つ．ここでは，その見積もりに役立つ多形鉱物と地質温度計について説明する．

　ダイヤモンドと石墨はともに炭素からなる鉱物であるが，その結晶構造は大きく異なる．すなわち，ダイヤモンドは炭素が四面体構造により密に結合しているのに対し，石墨中の炭素は平面的な構造をもつ．この結晶構造のちがいがダイヤモンドの強い硬度と大きな密度の原因である（第 9 章

表11.2　多形を示す鉱物とその化学組成

化学組成	鉱物名
SiO_2	低温型石英, 高温型石英, コーサイト, トリディマイト, クリストバライト, スティショバイト
$CaCO_3$	方解石, あられ石
C	石墨, ダイヤモンド
Al_2SiO_5	紅柱石, 珪線石, 藍晶石

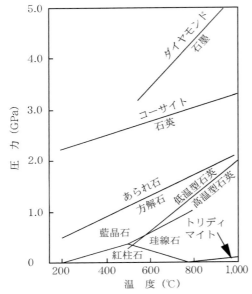

図 11.5　変成岩にみられるおもな多形鉱物の安定領域を示す温度圧力図

参照).

　このように, 化学組成が同一であるが結晶構造が異なることを多形とよぶ. 表11.2に多形関係にある鉱物名とその化学組成をあげ, それら鉱物が安定に存在する温度圧力条件を図11.5に示した. このなかで変成岩の解析に最も有効な鉱物は Al_2SiO_5 の組成をもつ紅柱石, ケイ線石, 藍晶石である. これら鉱物は泥質岩に一般的にみられる鉱物であり, その産状から変成作用の履歴に関するさまざまな情報を得ることができる.

　たとえば, ある岩石中にケイ線石が存在し, そのなかに藍晶石が包有されている場合を考える. 一般的に包有されている鉱物は周囲の鉱物よりも早い時期に形成されたとみなされるため, この岩

石の変成作用は藍晶石が安定な領域からケイ線石が安定な領域へと変化したことがわかる. 図11.5によると, 温度の上昇あるいは圧力の低下により藍晶石からケイ線石が形成されたと考えられる. 以上のように, 多形鉱物の存在は変成岩が形成された大まかな条件だけでなく, 変成作用の過程で温度圧力条件がどのように変化したかを知るために有効である.

　次に地質温度計について説明する. 変成岩中にみられる斜方輝石は, 一般的に Fe^{2+} と Mg^{2+} を含む. この2つのイオンの半径はそれぞれ 0.75 Å, 0.86 Å と類似しているため, Fe^{2+} と Mg^{2+} は斜方輝石の結晶構造中の同じ位置に任意の割合で存在することができる. そこで, 斜方輝石の化学組成は一般的に $(Mg, Fe)_2 Si_2 O_6$ という固溶体として表現できる. ここで斜方輝石が Fe^{2+} と Mg^{2+} を含む別の鉱物 (たとえばざくろ石など) と接している場合, これら2つの鉱物の間で Fe^{2+} と Mg^{2+} の交換反応が起こり, 各鉱物に含まれるイオンの割合はおもに温度に依存することが知られている. したがって, ある変成岩中に斜方輝石とざくろ石が安定に存在している場合, 2つの鉱物の化学組成から変成作用の温度を見積もることができる.

変成相区分

　変成岩は形成温度・圧力条件によって特徴的な鉱物組み合わせをもつ. したがって, 同一の化学組成をもつ岩石に含まれるさまざまな鉱物組み合わせを比較し, それらを形成温度・圧力によっていくつかのグループ (変成相) に分類することができる. この結果を温度・圧力図に示したものが図11.6であり, 各変成相に産出する苦鉄質変成岩の代表的な鉱物組み合わせを表11.3に示す. たとえば緑色片岩相では, 苦鉄質片麻岩中の緑泥石+曹長石+緑レン石が代表的な鉱物組み合わせであり, より高温のグラニュライト相では斜方輝石が普遍的に出現する.

　なお, 最近の研究により, 図11.6の温度圧力

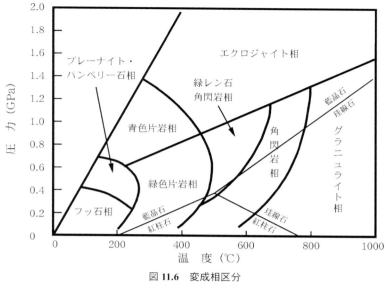

図 11.6　変成相区分
Spear（1993）を一部改変.

範囲では示されないような変成岩がみつかった.
これらのなかで，コーサイトやダイヤモンドを含
むような非常に高圧で形成された岩石を超高圧変
成岩とよび，サフィリンと石英の共存や大隅石な
どの高温で形成される鉱物を含む変成岩を超高温
変成岩とよぶ. 超高圧変成岩は 2.5 GPa 以上，超
高温変成岩は 900℃以上の条件で形成されたと考
えられている.

表11.3　各変成相の苦鉄質変成岩に含まれる代表
的な鉱物および鉱物組み合わせ

変成相	代表的な鉱物および鉱物組み合わせ
沸石	沸石
プレーナイト・パンペリー石	プレーナイト＋パンペリー石
青色片岩	藍閃石＋ローソン石（または緑レン石）（＋曹長石±緑泥石）
エクロジャイト	ざくろ石＋オンファス輝石
緑色片岩	緑泥石＋曹長石＋緑レン石（またはゾイサイト）±アクチノ閃石
緑レン石角閃岩	斜長石（曹長石－灰曹長石）＋普通角閃石＋緑レン石±ざくろ石
角閃岩	斜長石（灰曹長石－中性長石）＋普通角閃石±ざくろ石
グラニュライト	斜方輝石（＋単斜輝石＋斜長石＋普通角閃石±ざくろ石）

変成岩の広域的分布

変成作用をもたらすような高温高圧条件は，プ
レートの沈み込みや大陸衝突により，地表の岩石
が地下深部まで到達することによりもたらされ
る. したがって，造山帯には必ず変成岩が産出す
る.

日本列島の地質については第Ⅵ部に述べられて
いるが，西南日本の岩石は顕著な帯状構造を呈し
ており，変成帯を形成している. これらは日本海
側から飛驒変成帯，三郡変成帯，領家変成帯，三
波川変成帯が配列している（図 14.2：第Ⅵ部）.
三郡変成帯と三波川変成帯は比較的低温で形成さ
れた岩石からなり，結晶片岩が多くみられる. 一
方，飛驒変成帯，領家変成帯の変成作用は比較的
高温で形成されたもので，片麻岩が広く分布して
いる. この帯状構造の配列方向が日本列島の伸長
方向とほぼ平行であることから，西南日本に分布
する変成帯の形成にはプレートの沈み込みが大き
くかかわっていると考えられる. 図 14.2（第Ⅵ部）
に示すように，日本列島には他にも北海道の日高
変成帯や神居古潭変成帯，東北日本の阿武隈変成
帯など，造山運動によって形成された変成帯が各
地に分布している.

■コラム

ゴンドワナ超大陸の形成と分裂

　インド半島最南部と南極の昭和基地があるリュ
ツォ・ホルム湾周辺には，片麻状組織の発達し
た変成岩（写真1）が広く分布している．これ
らは今から約5〜6億年前に，地殻下部における
1,000℃を超える超高温変成作用によって形成さ
れた岩石ある．同様の岩石は，スリランカやマダ
ガスカルにおいても確認されている．

　46億年の歴史のなかで，地球上の大陸は何度
も集合と分裂を繰り返してきた．今から約10億
年前に形成されたロディニア超大陸が分裂し，そ
の結果として先カンブリア時代末期から古生代カ
ンブリア紀初期（7億5,000万年前から5億3,000
万年前）にかけて大規模な造山運動が起こったこ
とが明らかになっている．これを汎アフリカ ―
ブラジリアノ造山運動とよぶ．マダガスカル ―
南インド ― スリランカ―南極をむすぶ地域は，
当時の大陸衝突によってできた造山帯に相当する
ため，類似した超高温変成岩が分布しているので
ある．

　この造山帯は，東はオーストラリア，西は南部
アフリカに達するような，巨大な大陸衝突帯で

図1　南インドにみられる泥質片麻岩

あったと考えられている．約5億年前には世界中
の大陸が集合を完了し，ゴンドワナ超大陸を形成
した．さらにその2億年後にはパンゲア大陸が出
現し，その後の分裂によって，形成当時は一連の
造山帯であったアフリカ，インド，南極，オース
トラリアが分散したのである．その結果，現在の
大陸は地球上に散在してみられるが，これは超大
陸形成ステージの狭間においてのみみられる特殊
な状況といえる．現在のプレートの運動方向と移
動速度から，今から約2億年後にユーラシア大陸
を中心とした超大陸が形成されることが予想され
ている．

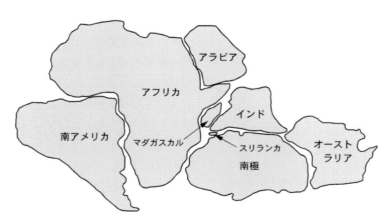

図2　復元されたゴンドワナ大陸の様子

第Ⅴ部　地球の資源と環境

第12章　鉱物資源・エネルギー資源

　人間の諸活動は，地球システムから物質やエネルギーを取り入れ利用することで成立している．人間の生産活動のもとになる物質，および諸条件の総称を**資源**とよぶ．資源には，地球（天然）資源のほか，資本，労働力，技術などが含まれる．地球資源には，人間が利用する自然界の物質と，潜在的な環境条件が含まれる．地球資源は，生物か無生物かによって水，鉱物などの無生物資源と森林，魚などの生物資源に，用途によって食料資源，原料資源などに，存在する場所によって地下資源，水産資源などに分類されるが，産業構造と対応する水資源，森林資源，食糧資源，**鉱物資源**，**エネルギー資源**，海洋資源，観光資源などといった名称も普通に用いられている．ここでは，鉱物資源となっている金属鉱床と，エネルギー資源となっている石油，石炭，ウラン鉱床について概説する．

(1)　鉱物資源

　人類に有用な鉱物資源となりうる元素または鉱物がとくに高濃度に濃集している地質体を**鉱床**という．鉱床は，採掘する対象によって金属鉱床，非金属鉱床，燃料鉱床などに，採掘する元素の種類によって金鉱床，銀鉱床，ニッケル鉱床などに，鉱床地質体の形態によって塊状鉱床，層状鉱床，脈状（鉱脈）鉱床などに，また成因によってマグマ鉱床，堆積鉱床，変成鉱床などに分類される．

　有用な元素が濃集し鉱床を形成するプロセスを，**鉱化作用**という．具体的には，たとえば熱水活動では，有用元素を含む熱水溶液が地質体中を移動し，海水や地下水との混合による温度低下な

どの物理化学環境の変化に伴って，有用元素を含む鉱物が沈殿する一連のプロセスが起こる．鉱化作用は，マグマの結晶分化作用，熱水活動，風化作用，続成作用などさまざまな地質学的なプロセスに伴われる．これらの地質学的なプロセスの活動様式や規模は，地球内のテクトニックな位置づけ，地球表層環境，時代により異なるので，見出される鉱化作用，鉱床の種類や規模も相伴って異なる．

環太平洋地域の鉱床

　図12.1は，環太平洋地域にみられる主要な鉱床を，プレート境界とともに示したものである．海底熱水鉱床はプレートの発散境界（中央海嶺）と収束境界（沈み込み帯）近傍に，ポーフィリカッパー鉱床はプレートの収束境界（沈み込み帯）に，マンガンノジュールは海洋プレート上の深海底に分布する．

　海底熱水鉱床：海底に湧出する熱水によって形成された熱水鉱床をいう．銅，鉛，亜鉛などの硫化鉱物，シリカ鉱物，重晶石などからなるチムニーとよぶ煙突状の突起とそれらが崩壊，堆積したマウンドとよぶ高まりがみられる．活発な所では，噴出熱水から晶出する硫化鉱物が懸濁するため黒煙がたちのぼるように見えるブラックスモーカーや，重晶石やシリカ鉱物の懸濁のため白煙がたちのぼるように見えるホワイトスモーカーが認められる．

　これらの熱水は，海底の割れ目などから浸透した海水が，海底下の熱源によって高温となり湧出したもので，含まれる銅，鉛，亜鉛，金，銀など

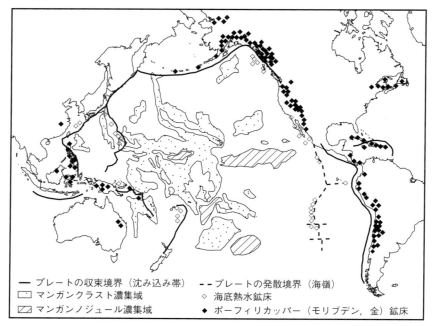

図 12.1　環太平洋地域にみられる主要な鉱床とプレート境界の分布
Einaudi（2000），白井（2003）より作成.

は，その過程で岩石から溶出されたものが湧出時に冷却, 沈殿したと考えられている. チューブワーム，シロウリガイ，コシオリエビなどの熱水生態系を伴う. 海底付近でマグマ活動が盛んな中央海嶺や背弧海盆でみられる. 中央海嶺では，ガラパゴス海嶺，東太平洋海膨，大西洋中央海嶺，バンクーバー沖のファン・デ・フカ海嶺などが，背弧海盆では沖縄トラフ，マリアナトラフなどが知られている. 黒鉱型，キプロス型，アビティビ型などの火山岩中の硫化物鉱床（図 12.2）は，過去に形成された海底熱水鉱床と考えられている.

ポーフィリカッパー鉱床（斑岩銅鉱床）：おもに珪長質の火成岩貫入岩の頂部およびその周辺に鉱染状～細脈網状に産する低品位（銅品位 1 ％以下）で大規模（含銅量 1,000 万トン以上）の銅鉱床をいう. 世界の銅資源の 50 ％以上を供給する. 黄銅鉱，斑銅鉱がおもな採掘の対象であるが，モリブデン，金，銀も採掘対象となる場合もある. 熱水鉱床の一種で，大規模な熱水変質を伴う. 中生代と新生代の環太平洋地域のプレートの収束境

界（沈み込み帯）の火山帯に顕著に見出される. チュキカマタ，エル・テニエンテ（ともにチリ），アトラス（フィリピン），ヤンデーラ（パプア・ニューギニア）などが代表的な鉱床として知られている.

マンガンノジュール（マンガン団塊）：マンガンおよび鉄酸化物を主成分とする黒褐色の団塊をいう. 直径が十数 cm 程度にまで達する球状～楕円体状の形態をなし，内部には同心円状の成長縞が認められる. 轟石，ブーゼライト，ベルナダイト（δ-MnO_2）を主とする. マンガン 15 ～ 30 ％，鉄 15 ％のほか，ニッケル 0 ～ 0.5 ％，コバルト 0 ～ 1.0 ％，銅 0 ～ 0.4 ％などの重金属元素に富む. 深海底に露出する岩石を覆うマンガンクラストと一連の産物である.

海水中で沈殿した鉄マンガン酸化物コロイドが岩石や化石等を核として沈着成長するタイプ（海水起源）と，表層堆積物中の間隙水に溶存しているマンガンが沈殿するタイプ（続成起源），熱水溶液に溶存しているマンガンが沈殿するタイプ

（熱水起源）が知られている．砕屑物の供給に乏しい比較的穏やかな深海底に普遍的であるが，太平洋に多く，大西洋，インド洋，大陸の近くには少ない．

地表環境で形成されている鉱床

　現在の地表環境で形成されている鉱床としては，ボーキサイト鉱床など風化作用による残留鉱床，蒸発による蒸発鉱床，砂鉱床などが知られている．

　残留鉱床（風化残留鉱床）：地表またはその近くの岩石や鉱床が風化し，難溶性の鉱物が残留，濃集して形成された鉱床をいう．岩石が風化すると，構成している鉱物は分解され，アルカリ（ナトリウム，カリウム），アルカリ土類（マグネシウム，カルシウム），ケイ酸などは天水に溶出し運び去られ，アルミニウム，鉄，マンガンが著しく濃集する．最も重要なアルミニウム資源であるボーキサイト鉱床，鉄，アルミニウムに加えてニッケルに富む含ニッケルラテライト鉱床などが知られている．ボーキサイト鉱床はギブサイト，ベーマイトを主とする．原岩は閃長岩，石灰岩，頁岩，片麻岩，玄武岩などで，ギニア，オーストラリア，ブラジル，インドなどの高温・多湿の熱帯気候下に多く知られている．

　蒸発鉱床：海水，湖水などの蒸発で，溶解している成分が沈殿・集積して形成された堆積岩を蒸発岩（エバポライト）といい，資源として利用されている場合は蒸発鉱床という．石膏，硬石膏，岩塩，方解石，苦灰石などが含まれる．厚さ1,000 mの海水を蒸発させると，厚さ約15 m（NaCl 11.6 m，$CaSO_4$ 0.4 m，Na，Mgを含む塩類3 mなど）の塩類が析出するといわれている．死海，カスピ海など，乾燥～半乾燥帯の大陸内部のプラヤや大陸沿岸のサブハや塩湖で形成されている．

　砂鉱床（漂砂鉱床）：風化，侵食で生じた岩石や鉱物の破片が流水または風で運搬される際に，比重の大きい粒子が濃集，堆積して形成された鉱床をいう．比重が大きく，化学的に安定で風化により分解しにくく，細かく破砕されにくい鉱物（自然金，自然白金，錫石，クロム鉄鉱，モナズ石，ジルコン，ルチル，チタン鉄鉱，辰砂，ダイヤモンドなど）が濃集する．砂金の場合，まれに大きな塊金（ナゲット）を産出するが，複数の金粒が堆積時に合体して形成されたと考えられている．カリフォルニア，オーストラリア，カナダの砂金，マレーシアのキンタの砂錫，南アフリカの砂ダイヤモンドなどが知られている．

地質時代の鉱床

　図12.2は，古い地質時代に形成された代表的

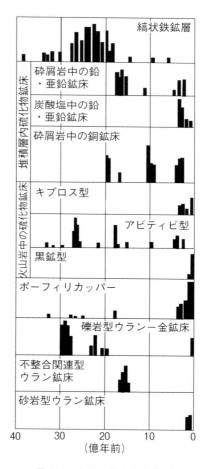

図12.2　主要な鉱床の形成時代
棒グラフの長さは，各鉱床での総量に対する各時期の割合を示す．Barley and Groves（1992）より作成．

金属鉱床の形成時代を，エネルギー資源となっているウラン鉱床の形成時代とともにまとめたものである．

縞状鉄鉱層（banded iron formation, BIF, ビフ, 縞状鉄鉱鉱床）：鉄鉱物（おもに赤鉄鉱，ときに磁鉄鉱や褐鉄鉱など）とチャートもしくは細粒石英よりなる縞状構造の顕著な鉄鉱層をいう．世界の鉄資源の90％以上を供給する．

25〜18億年前（原生代）の堆積岩類中にみられるスペリオル型と，35〜30億年前（おもに始生代）のグリーンストーン帯の火山岩類中にみられるアルゴマ型がある．スペリオル型は生物活動によって海水中の溶存2価鉄が酸化されることにより沈殿したと考えられ，海洋環境や地球大気が還元的から酸化的へ変化したことを示す証拠とされる．アルゴマ型は海底熱水活動によるという説が有力となっている．カナダのラブラドル，オーストラリアのハマースレイ，南アフリカのトランスバールなどが代表的な鉱床として知られている．

堆積層内硫化物鉱床：砂岩，頁岩，炭酸塩岩などの堆積岩中の限られた層準に胚胎する硫化鉱物を主とする鉱床をいう．銅，鉛，亜鉛，銀などいくつかの金属元素を含む大規模な鉱床が多い．アフリカ・ザンビアのカッパーベルト，ヨーロッパの含銅頁岩，熱水活動が関与しているとされるオーストラリアのマウント・アイザ，カナダのサリバンなどの堆積噴気鉱床などが含まれる．

（2）エネルギー資源

物理系が他に対し仕事をする能力をエネルギーといい，自然界に存在し人間生活において利用できるエネルギー源をエネルギー資源という．エネルギー資源は，現在における使用状況から，すでに使われている在来型と，これから商業化される非在来型に区分できる．在来型では，石油，天然ガス，石炭，水力，原子力が主要であるが，発展途上国では木炭，薪などが今でも使われている．非在来型には，太陽熱，太陽光，風力，波力，海水温度差，核融合，地熱，オイルシェール，オイルサンド，メタンハイドレートなどがある．

エネルギーの起源からみると，水力，風力，海水温度差は大気や海水が暖められることを媒介とし，薪，炭，石油，天然ガス，石炭，オイルシェール，オイルサンドなどは生物の光合成を媒介とするが，いずれも太陽エネルギーを起源としている．これらのうち，石油，天然ガス，石炭，オイルシェール，オイルサンドなどは地質学的過程によって過去の太陽エネルギーが保存された遺産で，人間の生存期間では生成することができないので，非更新可能資源とよばれる．地球の質量や過去の太陽エネルギーが有限であることから，これらの非更新可能資源は有限で，枯渇することを銘記する必要があろう．

原子核の崩壊や変換など核反応によって放出されるエネルギーを原子力エネルギーという．原子力発電は，ウラン235（天然ウラン中に0.72％の割合で含まれている）のほか，ウラン238やトリウム232を原子炉中で中性子により照射してつくられるウラン233，プルトニウム239の核分裂反応によって生ずるエネルギーを利用する．これら核原料は，おもにウラン鉱床より採掘される．

石　油：天然に産する液状をなす炭化水素類の混合体をいう．天然産の石油を精製油から区別するとき，とくに原油という場合がある．産地や産出層準により組成は多種多様であるが，おおよそ炭素79〜88％，水素10〜14％，硫黄0.05〜4％，窒素0.1〜2％，酸素0〜3％の範囲におさまる．さまざまな成因説が提唱されたが，石油のほとんどが海成の堆積岩中で発見され，生物によって合成可能な化合物が石油中に数多く存在することなどから，海成の生物に由来する有機成因説が主流となっている．石油は広く分布するが，量的には中東を中心に北アフリカ，カスピ海，インドネシアなどのテチス海沿岸や，南北アメリカの一部，ウラルなどに集中する．

石　炭：植物が堆積，埋没し，続成作用を受け

て生じた，主として炭素よりなる可燃性の岩石をいう．顕微鏡下で，植物の細胞組織や花粉，胞子などが観察されるため，植物から生成したことは明らかであるが，起源となる植物は年代により異なる．石炭は広く分布するが，量的には北アメリカ，ロシア，中国が多い．

ウラン鉱床：礫岩型ウラン‐金鉱床，不整合関連型鉱床，砂岩型鉱床が知られている．いずれも形成時代が限られている（図12.2）．

礫岩型ウラン‐金鉱床は，始生代末から原生代初期（28〜23億年前）の礫岩，砂岩中の鉱床で，黄鉄鉱，金，閃ウラン鉱など多くの重鉱物を含むので，砂鉱床の一種と考えられている．現在の地表大気環境で容易に分解する黄鉄鉱や閃ウラン鉱が，砕屑粒子と考えられる磨耗された形状で産することから，当時の大気の酸素濃度が低かった証拠と考えられている．南アフリカのウィットウォータースランド地域やカナダのブラインドリバー，エリオットレイク地域に認められる．

不整合関連型ウラン鉱床とは，始生代から前期原生代の変成した堆積岩と前期原生代末の河川成砂岩の間の不整合，とくに変成した堆積岩中の石墨片岩近傍の鉱床をいう．周囲の岩石から酸化，溶脱されたウランが河川成砂岩の堆積盆地の地下水循環系にもたらされ，石墨片岩近傍で還元されることで濃集されたものと考えられ，形成当時（約16億年前）の大気中の酸素濃度が現在と同様に高かった証拠となっている．カナダのアサバスカ盆地やオーストラリアのアリゲータリバ地域に鉱床が知られている．

砂岩型ウラン鉱床は，4億年前より後のおもに河川成の砂岩，礫岩中の鉱床をいう．陸生植物遺体によりウランが還元，濃集されたものと考えられている．アメリカのワイオミング，テキサス，ニューメキシコなどに大鉱床が知られている．

第13章　地球の進化と環境問題

人間の諸活動が広範囲，大規模になるにつれ，地球システムへ影響を及ぼしていることが顕在化してきた．人間の活動が，存在基盤である環境あるいは地球システムに対して悪影響を及ぼす問題を**環境問題**とよぶ．環境問題は，公害，鉱害，森林伐採，生物種の絶滅などのローカルな問題から，オゾン層の破壊，地球の温暖化，酸性雨などのグローバルな地球環境問題まで多岐にわたる．地球進化学の基礎，とくに水理にかかわる地質構造，地球表層環境における元素挙動や物質循環の解析や解明にかかわる知識や技術は，以下の地球環境問題に対してこれまで重要な役割を果たし，また将来も担っていくことが期待されている．

地質汚染

おもに人間の諸活動によって，大気，河川水，地下水，土壌などが人間の健康や生態系の機能を阻害する物質によりに汚染されることを環境汚染というが，このうち，地下水が汚染される地下水汚染，地下空気が汚染される地下空気汚染，岩石や地層が汚染される地層汚染を含め，地下の地質環境が汚染されることを地質汚染という．有機溶剤貯蔵タンクからの漏出，化学物質の不適切な取り扱い，工場排水やごみ処分場の汚水の地下浸透，農薬の散布などによる．

海洋汚染

直接あるいは間接に海洋に持ち込まれた物質が，海水の性質や海洋環境を損ない，生物資源，人間の健康および水産漁業などの活動に有害な影響を及ぼす汚染をいう．汚染物質としては，水銀，カドミウム等の重金属，石油類，石油化学製品，

DDT などを含む農業排水，放射性廃棄物，固形廃棄物などがある．汚染物質を生物濃縮した生物を人間が摂取する場合もある．

鉱　害

　鉱山の採掘，選鉱，精錬などの操業で鉱山外に生ずる被害をいう．精錬に伴う煙害，鉱山廃水などで河川の水質が汚染されることによる人畜，水田，水産資源などの被害（鉱毒），採掘による地盤沈下や陥没，廃滓ダムやぼた山の崩壊などが含まれる．

地層処分

　原子炉などで発生した放射性廃棄物を，回収する意図をもたずに地下に建設された処分場に廃棄することをいう．人工の容器，施設等の人工バリアと天然の岩盤よりなる天然バリアからなる多重バリアシステムにより，人間の生活圏から隔離をはかる．廃棄物の危険性が数千年以上持続する高レベル放射性廃棄物および TRU（超ウラン元素）廃棄物の処分を対象として研究が進められている．天然での緩慢なプロセス，地震や突発的な地殻変動をも含めて数千年以上の長期にわたる未来予測が必要なため，地球進化学の貢献が期待される．

　地球は，その形成後 46 億年の間に，地球内部の構造や地球表層環境が変化して現在に至った．地球内部や地球表層で起こっている多様なプロセスも変化してきた．氷河が存在しないほど温暖な時代，全地球が凍結するほど寒冷な時代，火山活動が活発であった時代，多くの生物が絶滅したイベントなどさまざまなイベント，プロセスを経験した．これらのイベント，プロセスの解明は，現在の環境問題の解決のための多くのヒントを提供することが期待される．

第VI部　日本列島の地質

第14章　日本列島の地質

　日本列島はアジア大陸の東縁に位置し，太平洋プレート，ユーラシアプレート，フィリピン海プレートの3つのプレートの境界付近にある（図14.1）．これらのプレートは互いに動きあい，そのために地震が起こり，火山活動があり，地層や岩石の変形が激しいところとなっている．

　日本列島周辺をみると，5つの弧から成り立っているのがわかる．北から，千島弧，東北日本弧，西南日本弧，琉球弧，および伊豆—小笠原弧である．これらの弧の前面には海溝とよばれる6,000mを超える深海域が併走する．また，弧の内側（大陸側）には，**背弧海盆**あるいは**縁海**とよばれる海域が存在する．すなわち，千島弧にはオホーツク海が，東北・西南日本弧には日本海が，伊豆—小笠原弧にはフィリピン海がある．また，日本列島の中軸部には火山帯が存在し，多くの火山が点々と分布しており，美しい自然景観を呈するとともに，火山災害もたびたび起こっている．

(1)　日本列島の地質構造

日本列島の帯状構造

　日本列島の地質をみると，顕著な帯状配列を成しているのが読み取れる．日本列島は**糸魚川—静岡構造線**を境に，東北日本弧と西南日本弧に区分される（図14.2）．地質学的には，西南日本弧の地質が糸魚川—静岡構造線よりも東側の棚倉構造線まで連続することから，**棚倉構造線**を境に，東北日本と西南日本に区分するのが一般的である．西南日本は中央構造線により北側の内帯と南側の外帯に区分され，さらにそれに平行ないくつかの構造帯が区分されている．

　日本列島の地質は基本的に，付加体，変成岩，花こう岩，火山岩類よりなり，アジア大陸側から太平洋側に順次新しい年代のものがみられるという特徴がある．このうち，付加体堆積物は第II部第5章5節に述べたように，海洋プレートに起源をもち，下位から上位に，枕状玄武岩，礁性石灰岩，放散虫チャート，細粒砕屑岩，粗粒砕屑岩という基本的な層序からなる．このような層序をもった地層が大陸プレート下に沈み込む際に，変形，破壊し，剥ぎ取られ，弧状列島に付け加わっていく．

　以下に帯状配列の顕著な西南日本の地質について略述する．

図 **14.1**　日本列島周辺のプレート境界と島弧

　飛　彈　帯：岐阜県北部から富山，石川，福井県の山岳地帯に分布する片麻岩や結晶片岩などの変成岩と花こう岩類からなる地帯である．西南日本の一番内側の地帯を成す．

　飛彈外縁帯：飛彈帯の南側に，新潟県青海地域から福井県和泉村周辺にかけ，非変成の中・古生層や蛇紋岩体，高圧・低温型の変成岩類が分布する．この複雑な地質構造をなす地帯を飛彈外縁帯という．このなかには，日本で最も古いオルドビス紀の化石を含む地層も存在する．

　蓮　華　帯：九州北部から山陰地方，隠岐島に分布する古生代前半のオフィオライト，古生代中期の結晶片岩など，低温高圧型変成岩や蛇紋岩を含む地帯である．

　秋　吉　帯：山口県から岡山県にかけ，古生代石炭紀・ペルム紀の礁性石灰岩や粗流～細粒の堆積岩類からなる地層が分布する．これらは古生代ペルム紀の付加体堆積物とされ，秋吉帯とよばれている．

　三　郡　帯：九州北部から中国地方を経て，中部地方に点在する低温・高圧型の変成岩を含む地帯で，秋吉帯とともに複雑な地層配列を呈している．

　舞　鶴　帯：広島県北部から京都府北部の舞鶴にかけペルム紀中・後期の付加体堆積物と変成岩，古生代のオフィオライト，三畳紀浅海性堆積物などが複雑に分布する地帯である．

　丹波―美濃帯：京都府丹波地域から美濃地域に，おもにジュラ紀の付加体堆積物が分布する地帯である．糸魚川―静岡構造線よりも東方に類似した岩石が分布し，その地帯を足尾―八溝帯とよぶ．

　領　家　帯：西南日本内帯の最も南側にあり，北は丹波―美濃帯と漸移し，南は中央構造線と接する．花こう岩類と高温・低圧型の変成岩からなる．

　三波川帯：九州から関東山地まで続く，おもに塩基性結晶片岩を主体とする高圧・低温型の変成岩からなる．原岩の年代はジュラ紀で，変成作用は白亜紀に起こったとされている．北限は中央構造線で境され，南は御荷鉾緑色岩類に移り変わり，秩父系に漸移する．

　秩　父　帯：九州から関東山地にかけ分布する，

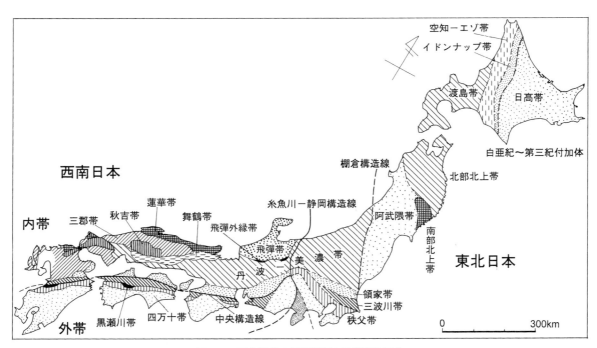

図**14.2**　日本列島の基盤岩類の地質構造区分
磯崎・丸山（1991）を改変．

ジュラ紀から白亜紀前期の付加体堆積物からなる
地帯である．四国では北・中・南帯の 3 帯に区分
され，中帯は非変成の古生層，高圧変成岩，古生
代花こう岩類を伴い，複雑な構造を呈し，黒瀬川
帯とよばれている．南の四万十帯とは仏像構造線
で接する．

　四万十帯：西南日本外帯の最も外側に位置し，
沖縄，九州〜関東山地まで連続して分布する．白
亜紀から第三紀の付加体堆積物からなる．白亜系
からなる部分を四万十帯北帯，第三系からなる部
分を南帯とよぶ．

　飛彈帯や飛彈外縁帯にはジュラ紀から白亜紀前
期に堆積した，山間盆地型といわれる浅海から淡
水性堆積物がところどころ基盤を不整合に覆って
分布する．山口県の豊浦地域，中国山地の山奥地
域，中部地方北部の来馬・手取地域がこれに相当
する．また，領家帯と**中央構造線**の境には中央構
造線の動きに伴い形成された弧間盆地を充塡する
白亜系が分布する．上部白亜系**和泉層群**がこれに
相当する．一方，白亜紀には，秩父系のジュラ紀
付加体が形成されている間，前弧海盆には浅海〜
中深海の海盆が形成され化石を豊富に含む地層が
堆積した．四国の**領石**，**物部川**，**外和泉層群**，関
東山地の**山中白亜系**などがこれに相当する．

東北日本の地質

　東北日本の本州側の地質は，中軸部に分布する
火山岩類による被覆のため，西南日本に比較し，
帯状配列は顕著ではないが，以下のような構造区
分が識別されている．

　阿武隈帯：阿武隈山地から奥羽脊梁山地に相当
し，中圧型変成岩からなる日立―竹貫帯とジュラ
紀付加体の高温低圧型変成岩からなる御斉所帯か
らなる．また，阿武隈山地東縁から北上山地南西
部に分布する古生代前半のオフィオライトや古生
代中期の低温高圧型変成岩からなる松平・母体帯
を含む地帯である．

　南部北上帯：北上山地南部一帯に分布する浅海
性の非変成の中・古生界（シルル〜下部白亜系）
と古生代の花こう岩類からなる．

　北部北上帯・渡島帯：北上山地北部から北海道
渡島半島にいたる地帯で，ジュラ紀の付加体によ
り構成されている．

　空知―エゾ帯：北海道中軸部を成す地帯．ジュ
ラ紀〜白亜紀の付加体堆積物からなる空知層群，
白亜紀の前弧海盆堆積物のエゾ層群，蛇紋岩，か
んらん岩，結晶片岩などを主体とする神居古潭変
成岩からなる．

　イドンナップ帯：白亜紀から古第三紀の泥質岩
を基質とし，緑色岩，チャート，砂岩などのブロッ
クを含むメランジュからなる．

　日　高　帯：日高山脈とその北方延長で，低圧・
高温型の変成岩類と白亜紀から第三紀の付加体堆
積物からなる．

(2)　変成岩と花こう岩の分布

　これまでに述べた変成岩は付加体堆積物などと
ともに帯状に分布し，変成帯とよぶことができ
る．変成帯を構成する岩石は，基本的に付加体堆
積物が地下深所まで沈みこみ，強く変形するとと
もに，高温，高圧の条件下で特有の鉱物ができる
ことにより形成される．変成帯では，結晶片岩を
主体とする高圧・低温型の変成岩と片麻岩を主体
とする低圧・高温型の変成岩が一組の対をなして
分布している．前述のように，西南日本では中央
構造線を挟んで三波川変成帯と領家変成帯が接し
ている．

　しかしながら，北海道では神居古潭帯にみられ
る高圧・低温型変成岩類と日高帯の低圧・高温型
の変成岩類が併走するが，本州での配列とは逆に
なっている．

　西南日本では変成帯と付加体の間に，白亜紀の
花こう岩類が貫入している．領家帯にみられる花
こう岩類がこれに相当する．

(3) 新生代の地層と日本海の拡大

　前に述べた白亜紀以前の地層を覆い，日本列島には新生代の地層が広く分布する．古第三紀から新第三紀中新世の前期頃までは，日本列島は白亜紀以来の一連の地史的発達段階の一部といってよい．当時の日本はアジア大陸の東縁山地をなしていたと思われる．日本の古第三系は，その分布が白亜系の分布に密接な関係があり，北海道から九州にかけて炭田を形成した非海成・汽水〜浅海堆積物と貝類や有孔虫を伴う海成層からなる．海成層と非海成層は頻繁な海進―海退の繰り返しによって堆積した．四万十帯を構成する古第三系も引き続き堆積していた．

　現在の日本列島は，約1,500万年前の新生代の中新世の中頃に，アジア大陸から離れて100万年ほどかけて移動してきたという．その間，東北日本弧は反時計回りに，西南日本弧は時計まわりに回転し，折れ曲がった日本列島の原型ができたとされている．この頃は汎世界的な海水準の上昇期であり，日本列島周辺にはいくつもの島が点在していた．西南日本から東北日本にかけて，熱帯から亜熱帯の気候が広がっていた．その証拠は各地に分布する貝類や有孔虫化石によって示されている．

　この当時，日本列島では激しい火山活動が起こり，西南日本から北海道渡島半島までの日本海側，糸魚川―静岡構造線に沿う地域，関東北部，伊豆半島ではとくに激しかった．一般に緑色を呈した海成層により特徴づけられることから，それらの堆積物を「グリーンタフ」とよび，この火山活動を伴った変動を「グリーンタフ変動」とよぶことがある．1,500〜500万年前のグリーンタフ地域には，鉛，亜鉛，銅などの硫化鉱石からなる黒鉱とよばれる海底熱水成の金属鉱床や石油が形成された．1,500〜1,000万年前になると，温暖性の動物群は太平洋側の関東以南に限られ，東北地方日本海側では寒冷系の気候・海流が存在したことが，動植物化石群の繁栄により推定されている．

　前述のように，日本列島は3つのプレートがぶつかる位置にある．フィリピン海プレートは年間3〜4cmの早さで北西に動き，日本列島があるユーラシアプレートと衝突している．このフィリピン海プレート上にある伊豆―小笠原弧もプレートの動きとともに北上し，本州と衝突した．伊豆半島の北に位置する丹沢山地や伊豆半島は，はるか南方に位置していたが，プレートに乗って，前者は今から約500万年前に，後者は百数十万年前に本州中央部と衝突し，日本列島の一部になった．伊豆半島の衝突により，本州中央部は圧縮され，隆起し，丹沢山地や南アルプスの高い山並みが形成されたとされている．

(4) 第四紀の気候と海水準変動

　第四紀は180万年から現在までの，地質時代のなかで最も新しい時代である．1万年前を境に**更新世**と**完新世**に分けられる．第四紀の特徴は極域に大陸氷床が発達し，氷期と間氷期を繰り返す気候変動の激しい時代である．この氷期・間氷期のなかで人類が進化・発展してきたことから，第四紀は氷河時代，人類の時代ともよばれている．氷期は約10万年ごとにやってきて，1万年ほど間氷期が続いた後に再び氷期が来襲するという周期変動があったことが知られている．

　この周期変動がなぜ起こるのかに関して，具体的な説明を与えたのは，ユーゴスラビアの地球物理学者ミランコビッチ，M.であるといわれている．彼は惑星の引力による地球の公転軌道の離心率や地軸の傾きがどのように変化するかを計算し，地球のある地点における日射量の変化を議論した．日射量が変化した時期に寒冷な気候になり，氷床が発達すると考え，氷期と間氷期が周期的に現れるとした．ミランコビッチの計算した日射量の周期性を**ミランコビッチサイクル**とよんでいる．1970年代に海底堆積物中の微化石とその酸素同位体比の研究が行われ，過去100万年の表層海水温度と地球上の氷量の変化が推定され，ミ

ランコビッチサイクルと一致する周期の気候変動
が示された.

　氷期と間氷期では世界的にみると，海水面が
100 m 以上の上昇・下降を繰り返していた．氷期
には海から水分が蒸発し，陸上に氷として固定さ
れる．したがって，氷河が発達すれば海水の絶対
量が減り，海水面が低下する．逆に氷河が融けれ
ば海水面が上昇する．この氷河性の海水準の変化
により，海岸周辺地域には海岸段丘が，内陸部に
は河岸段丘が形成される．関東平野南部の段丘面
は海抜 20～100 m の間に，いくつかの高度に分布
する．地形の連続性と高度をもとに，高位のもの
から，多摩面，下末吉面，武蔵野面，立川面，沖
積面とに分けられる（図 14.3）．石狩平野，新潟
平野，関東平野，濃尾平野などの大きな平野は沈
降域にあたり，平野の中心には厚い第四紀の地層
が堆積している．関東平野の第四紀堆積物は最大
1,200 m の厚さに達するという．最終氷期（7.5～
2 万年前）の低海面時には北海道，樺太が陸化し，
日本列島西部もアジア大陸と陸続きとなり，日本
海は一時期湖あるいは巨大な湾となり，大型の哺
乳類が移住してきた.

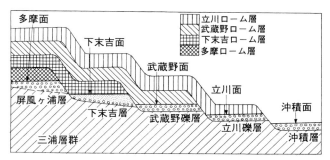

図 14.3　関東ローム層と段丘
関東ローム研究グループ（1956）を改変.

参 考 図 書

本教科書で引用した文献，図・表の出典についてここでまとめて示す.

Barley, M. E. and Groves, D. I., 1992 : Supercontinent cycles and the distribution of metal deposits through time. *Geology,* 20, 291-294.

Best, M. G. and Christiansen, E. H., 2001: *Igneous Petrology*. Blackwell Science, 458p.

Dickinson, W.R. and Suczek, C.A, 1979 : Plate tectonics and sandstone composition. *AAPG Bull.*, 63, 2164‐2182.

Douglas, B. E., McDaniel, D. H. and Alexander, J. J., 1997：『無機化学』（上，下），東京化学同人，571p, 516p.

Einaudi, M. T., 2000 : Mineral resources: assets and liabilities. In : Ernst, W. G. (ed.), *Earth systems : processes and issues*, Cambridge University Press, 346-372.

Fisher, R. V., 1961: Proposed classification for volcaniclastic sediments and rocks. *Geological Society of America Bulletin,* 72, 1409-1414.

Fisher, R. V., 1966: Rock composed of volcanic fragments and their classification. *Earth Science Review*, 1, 287-298.

Fukao, Y., Widiyantoro, S. and Obayashi, M, 2001 : Stagnant slabs in the upper and lower mantle transition region. *Reviers of Geophysics,* 39, 291‐323.

長谷川四郎・中島　隆・岡田　誠，2006：『Field Geology 2　層序と年代』，共立出版，176p.

保柳康一・公文富士夫・松田博貴，2004：『Field Geology 3　堆積物と堆積岩』，共立出版，184p.

International Commission on Stratigraphy, 2019, Chronogtratigraphic Chart, 2019/05. URL: http://www.stratigraphy.org/ICSchart/ChronostratChart2019-05.pdf

入舩徹男，1995：『地球内部の構造と運動』，東海大学出版会，186p.

磯﨑行雄・丸山茂徳，1991：日本におけるプレート造山論の歴史と日本列島の新しい地体構造区分．地学雑誌，100（5），697‐761.

鍵山恒臣，2000：マグマダイナミクスと火山噴火．東京大学地震研究所編集：『地球科学の新展開 3』，朝倉書店，212p.

兼岡一郎，1998：『年代測定概論』，東京大学出版会，315p.

関東ローム研究グループ，1956，関東ロームの諸問題．地質学雑誌，62，302-316.

Kasting, J. F., 1993 : Earth's early atmosphere. Science, 259, 920-926.

木股三善・宮野　敬，2003：『原色新鉱物岩石検索図鑑』，北隆館，346p.

Klein, C., 2001: *Mineral science: the 22nd edition of the manual of* (after James D. Dana). John Wiley & Sons, New York, 641p.

国立天文台編，2006：『理科年表』，丸善，1015p.

国際層序区分小委員会，日本地質学会訳，2001，国際層序ガイド―層序区分・用語法・手順へのガイド．238p.

久城育夫・荒牧重雄，1991：『火成岩とその生成』（岩波地球科学選書），岩波書店，268p.

久城育夫・都城秋穂，1975：『岩石学Ⅱ　岩石の性質と分類』（共立全書），共立出版，171p.

久城育夫・都城秋穂，1977：『岩石学Ⅲ　岩石の成因』（共立全書），共立出版，245p.

黒田吉益・諏訪兼位，1983：『偏光顕微鏡と岩石鉱物』（第 2 版），共立出版，343p.

Le Maitre, R. W., 1976: The chemical variability of some common igneous rocks. *Journal of Petrology,* 17, 589-598.

Le Maitre, R. W., 2002: *Igneous rocks a classification and glossary of terms recommendations of the international union of geological sciences, sub-commission on the systematics of igneous rocks*. Cambridge University Press, Cambridge, 236 p.

Lasaga, A. C., Berner, R. A. and Garrels, R. M., 1985 : An improved geochemical model of atomospheric CO_2 fluctuation over the past 100 million years. In Sundquist, E. and Broecker, W. S. eds. *The Carbon Cycle and Atmospheric CO_2 :*

Natural Variations Archean to Present, Geophysical Monograph 32, 397-411.

松原　聡，2006：『ダイヤモンドの科学—美しさと硬さの秘密—』，講談社，213p.

Miyashiro, A., 1974 : Volcanic rock series in island arcs and active continental margins. American Journal of Science, 274, 321-355.

都城秋穂・久城育夫，1972：『岩石学 I　偏光顕微鏡と造岩鉱物』，共立出版，219p.

森本信男，1989：『造岩鉱物学』，東京大学出版会，239p.

小川智哉，1987：『結晶物理工学』，裳華房，250p.

小川勇二郎・久田健一郎，2005：『Field Geology 5　付加体地質学』，共立出版，201p.

Paterson, M. S., 1958 : Experimental deformation and faulting in Wombeyan marble. *Bull. Geol. Soc. Am.,* 69, 465-476.

リシチン，A. P., 1984：『大洋の堆積作用』，共立出版，371p.

Schmid, S.M., Pfiffner, O.A., Froitzheim, N., Scho¨nborn, G and Kissling, E., 1996 :Geophisical‐geological transect and tectonic evolution of the Swiss-Italian Alps. *Tectonics,* 15, 1036-1064.

サイボルト，E., バーガー，W. H., 新妻信明訳，1986：『海洋地質学入門』，シュプリンガー・フェアラーク東京，296p.

瀬野徹三，1995：『プレートテクトニクスの基礎』，朝倉書店.

Sepkoski, J.J.Jr., 1984, A kinetic model of Phanerozoic taxonomic diversity. III. Post-Paleozoic families and mass extinctions. *Paleobiology,* 10, 246-267.

Spear, F., 1993 : *Metamorphic phase equilibria and pressure-temperature-time path, Mineralogical Society of America,* Washington D. C., 799p.

Streckeisen, A., 1976: To each plutonic rock its proper name. *Earth-Science Reviews,* 12, 1-33.

Takahashi, E. and Kushiro, I., 1983: Melting of a dry peridotite at high pressures and basalt magma genesis. *American Mineralogist,* 68, 859-879.

須藤俊男，1972：『鉱物学入門』，朝倉書店，255p.

杉村　新，1987：『グローバルテクトニクス—地球変動学—』，東京大学出版会.

住　明正・安成哲三・山形俊男・増田耕一・安部彩子・増田富士雄・余田成男，1996：『気候変動論』（岩波講座地球惑星科学 11)，岩波書店，272p.

周藤賢治・牛来正夫，1997：『地殻・マントル構成物質』，共立出版，330p.

Takahashi, E. and Kushiro, I., 1983 : Melting of a dry peridotite at high pressures and basalt magma genesis. *American Mineralogist,* 68, 859-879.

高橋正樹，2000：『島弧・マグマ・テクトニクス』，東京大学出版会，322p.

上田誠也，1989：『プレート・テクトニクス』，岩波書店.

臼井　朗，2003：海洋の鉄・マンガン鉱床. 鹿園直建・中野孝教・林　謙一郎編：『資源環境地質学—地球史と環境汚染を読む—』，資源地質学会，77-86.

Wilson, M., 1989: I*gneous Petrogenesis. Harper Collins Academic*, London, 466p.

Yagi, Y., 2004 : Source rupture process of the 2003 Tokachi-oki earthquake determined by joint inversion of teleseismic body wave and strong ground motion data. *Earth Planet and Space,* 56, 311-316.

Yagi, Y. and Kikuchi, M. 2003 : Partitioning between seismogenic and aseismic slip as highlighted from slow slip events in Hyuga-nada. Japan *Geophys. Res. Lett.*, 30, doi:10. 1029. 2002GL015664.

吉井敏尅，1977：東北日本の地殻・マントル構造. 科学，47, 170-176.

索　引

```
┌─────────────────────────────┐
│                             │
│       地球学シリーズ         │
│         全 3 巻             │
│                             │
└─────────────────────────────┘
```

地球学シリーズ 1　　改訂版　**地球環境学**
── 地球環境を調査・分析・診断する ──

松岡憲知・田中 博・杉田倫明・八反地 剛・松井圭介・呉羽正昭・加藤弘亮 編

B5 判 122 頁　定価本体 2800 円＋税　　2019 年 3 月刊

地球学シリーズ 2　　改訂版　**地球進化学**
── 地球の歴史を調べ，考え，そして将来を予測するために ──

藤野滋弘・上松佐知子・池端 慶・黒澤正紀・丸岡照幸・八木勇治

B5 判 122 頁　定価本体 2800 円＋税　　2020 年 3 月刊

地球学シリーズ 3　　**地球学調査・解析の基礎**

上野健一・久田健一郎 編

B5 判 216 頁　定価本体 3200 円＋税　　2011 年刊 4 月刊

【執筆者所属・分担一覧】　　五十音順

執筆者		所属	執筆担当部分
上松 佐知子	Sachiko Agematsu	筑波大学生命環境系	4 章
荒川 洋二	Yoji Arakawa	筑波大学生命環境系	10 章
池端 慶	Kei Ikehata	筑波大学生命環境系	10 章
興野 純	Atsushi Kyono	筑波大学生命環境系	9 章 (1), (3), 9 章コラム
黒澤 正紀	Masanori Kurosawa	筑波大学生命環境系	9 章 (2)
小室 光世	Kosei Komuro	富山大学都市デザイン学部	12, 13 章
指田 勝男	Katsuo Sashida	筑波大学名誉教授	14 章
角替 敏昭	Toshiaki Tsunogae	筑波大学生命環境系	11 章 , 11 章コラム
林 謙一郎	Ken-ichiro Hayashi	筑波大学名誉教授	1 章
久田 健一郎	Ken-ichiro Hisada	筑波大学生命環境系	5 章 (2), (3), (5), II 部コラム
平井 寿子	Hisako Hirai	立正大学地球環境科学部	2, 3 章
藤野 滋弘	Shigehiro Fujino	筑波大学生命環境系	5 章 (4)
丸岡 照幸	Teruyuki Maruoka	筑波大学生命環境系	I 部コラム
本山 功	Isao Motoyama	山形大学理学部	5 章 (1)
八木 勇治	Yuji Yagi	筑波大学生命環境系	6, 7, 8 章 , III 部コラム

【編者所属一覧】

編　者		所　属
藤野　滋弘	Shigehiro Fujino	筑波大学生命環境系（地球進化科学専攻）
上松　佐知子	Sachiko Agematsu	筑波大学生命環境系（地球進化科学専攻）
池端　慶	Kei Ikehata	筑波大学生命環境系（地球進化科学専攻）
黒澤　正紀	Masanori Kurosawa	筑波大学生命環境系（地球進化科学専攻）
丸岡　照幸	Teruyuki Maruoka	筑波大学生命環境系（環境バイオマス共生学専攻）
八木　勇治	Yuji Yagi	筑波大学生命環境系（地球進化科学専攻）

書　名	地球学シリーズ **2**
	改訂版 地球進化学
	── 地球の歴史を調べ，考え，そして将来を予測するために ──
	Earth Evolution Sciences, Revised Edition （Geoscience Series 2）
コード	ISBN978-4-7722-5331-4
発行日	2020（令和 2）年 3 月 4 日　改訂版 第 1 刷発行
	2007（平成 19）年　3 月 20 日　初版 第 1 刷発行
	2009（平成 21）年　2 月 12 日　初版 第 2 刷発行
	2012（平成 24）年　9 月 20 日　初版 第 3 刷発行
	2016（平成 28）年　5 月　6 日　初版 第 4 刷発行
編　者	藤野滋弘・上松佐知子・池端 慶・黒澤正紀・丸岡照幸・八木勇治
	Copyright © 2020 Shigehiro Fujino *et al.*
発行者	株式会社 古今書院　橋本寿資
印刷所	株式会社 太平印刷社
製本所	株式会社 太平印刷社
発行所	**古今書院**　〒 113-0021 東京都文京区本駒込 5-16-3
TEL/FAX	03-5834-2874 ／ 03-5834-2875
振　替	00100-8-35340
ホームページ	http://www.kokon.co.jp/　　検印省略・Printed in Japan

いろんな本をご覧ください
古今書院のホームページ

http://www.kokon.co.jp/

★ 800 点以上の**新刊・既刊書**の内容・目次を写真入りでくわしく紹介

★ 地球科学や GIS，教育など**ジャンル別**のおすすめ本をリストアップ

★ **月刊『地理』** 最新号・バックナンバーの特集概要と目次を掲載

★ 書名・著者・目次・内容紹介などあらゆる語句に対応した**検索機能**

古 今 書 院

〒113-0021　東京都文京区本駒込 5-16-3

TEL 03-5834-2874　　FAX 03-5834-2875

☆メールでのご注文は order@kokon.co.jp へ

KOKON-SHOIN

地球科学分野の関連書

http://www.kokon.co.jp/　　　詳細はホームページをご覧ください

◆　新装版　火山学

ハンス・ウルリッヒ　シュミンケ著

隅田まり・西村裕一　訳

A4 変形判（2 分冊）　　2010 年刊 初版（完売）／2016 年刊 新装版

説得力のあるカラー写真とカラー図版が本書の魅力。火山学の世界的権威である著者が火山活動のプロセスと火山学の最新テーマについてプレートテクトニクス理論に基づきわかりやすく解説する。初版完売し、新装版で二分冊に。

I 巻：火山と地球のダイナミズム　　　200 頁 定価本体 7000 円＋税

II 巻：噴火の多様性と環境・社会への影響　242 頁 定価本体 8000 円＋税

◆ 基礎地質学ノート　　　佐野弘好 著

B5判 188頁　　定価本体 3200 円＋税

地球はどんな物質でできているか？　それらはどんな性質を
もっているか？　地質学の基本が身につくミニマムエッセン
シャルを網羅した講義ノート。2019 年の新刊。

◆ 東日本大震災で大学はどう動いたか

1：地震発生から現在までの記録

2：復興支援と研究・教育の取り組み

岩手大学復興活動記録誌編集委員会 編
2 分冊（B5 判）　1 巻：328 頁、2 巻：298 頁
定価本体各 3400 円＋税　2019 年秋の新刊

大災害発生時、大学組織はどう動いたのか？
実際に、どんな課題やトラブルが生じたのか？
5 stage に分けて実際の対応を開示した貴重な記録
全国各地で起こりうる「大学の災害対応」に、具体事例で提言する！

◆ 地質図学演習

岡本 隆・堀 利栄 著

A4 判 56 頁　　定価本体 1500 円＋税

地質図に関する 9 章 37 項目の解説と演習からなる
教材集。地質構造，柱状図作成，地質図完成まで
のプロセスを模した演習問題付。

1：地形（尾根線の作図，扇状地地形，段丘地形）

2：地層境界線（様々な傾斜をもつ地層境界，平面で近似される地層境界）

3：地質断面図（見かけの傾斜，地質断面図）

4：断層（断層による変位，複雑な断層系を有する地質図，垂直な断層と傾斜不整合）

5：不整合（アバットしている不整合，傾斜不整合，基底礫岩と不整合面）

6：褶曲（褶曲した地層の作図 1・2）

7：地形と地質（第四系が形づくる地形，地形を利用した地質図の補正，地形を利用した作図）

8：ステレオネットの活用（応力場の復元，褶曲の解析，古流向の復元）

9：ルートマップから地質図まで（岩相境界，ルート柱状図，ルートマップから地質図へ）

◆ 増補改訂版　岩相解析および堆積構造

八木下晃司 著　　A5 判 294 頁　　定価本体 4400 円＋税

堆積学の基本テキストとして好評だった前著から 10 年、
国内・海外の最先端研究成果・文献を増補し、新章を加
えた改訂版。

1．岩相解析および堆積構造　　　2．チャンネルとバー

3．平板および舟状斜交層理　　　4．ハンモッキー斜交層理とスウェール斜交層理

5．インブリケーション　　　6．土石流堆積層と扇状地堆積物

7．反砂堆および高い流れ領域におけるベッドフォーム

8．ヘリングボーン斜交層理および潮汐束

9．タービダイト・海底峡谷・コンターライト

10．シークェンス層序学に関する岩相と堆積構造

11．堆積盆発達史と堆積岩相

第9巻（2020年1月の新刊）　　　　　　　　　全15巻（既刊11巻）

◆フィールドワークの安全対策

澤柿教伸・野中健一・椎野若菜編 A5判 188頁 定価本体3400円＋税

大学の実習や学生の個人調査での**深刻な事故**をどう防ぐか？
どんな心構えとサポート体制が必要か？　野外調査のリスク
を、自然条件から社会条件（治安・衛生・文化など）まで多様
な分野の事例で検討。大学での野外活動のあり方を問う1冊。

~~~~~~

シリーズ既刊案内＊これから調査を始める人・入門者にオススメ